电网企业员工安全技能实训教材

电力调度与自动化

国网泰州供电公司　组编

中国电力出版社
CHINA ELECTRIC POWER PRESS

内 容 提 要

《电网企业员工安全技能实训教材》丛书是按照国家电网有限公司生产技能人员标准化培训课程体系的要求，结合安全生产实际编写而成。本丛书共包括《通用安全基础》《变电运维》《变电检修》《输电运检》《配电运检》《不停电作业》《电力调度与自动化》《信息通信》《营销计量》《农电》10 个分册。

本书为《电网企业员工安全技能实训教材　电力调度与自动化》，全书共 7 章，主要内容包括基本安全要求、网络安全防护要求、调度自动化主站运维和检修安全要求、调度自动化安全风险辨识、机房安全运行要求、应急管理、典型违章及事故案例分析等。

本书可作为电网企业电力调度与自动化及相关专业作业人员和管理人员的安全技能指导书、培训教材及学习资料，也可作为高等院校、职业技术学校电力相关专业师生的自学用书与阅读参考书。

图书在版编目（CIP）数据

电力调度与自动化/国网泰州供电公司组编．—北京：中国电力出版社，2022.11
电网企业员工安全技能实训教材
ISBN 978-7-5198-7082-9

Ⅰ．①电…　Ⅱ．①国…　Ⅲ．①电力系统调度－调度自动化系统－技术培训－教材　Ⅳ．①TM734

中国版本图书馆 CIP 数据核字（2022）第 185169 号

出版发行：中国电力出版社
地　　址：北京市东城区北京站西街 19 号（邮政编码 100005）
网　　址：http://www.cepp.sgcc.com.cn
责任编辑：王　南（010-63412876）
责任校对：黄　蓓　马　宁
装帧设计：张俊霞
责任印制：石　雷

印　　刷：三河市万龙印装有限公司
版　　次：2022 年 11 月第一版
印　　次：2022 年 11 月北京第一次印刷
开　　本：710 毫米×1000 毫米　16 开本
印　　张：14.75
字　　数：212 千字
印　　数：0001—1500 册
定　　价：75.00 元

编写委员会

主　任　徐春社

副主任　沈培锋　汤晓峥

委　员　姚　军　季昆玉　朱云山　沈　飞　范炜豪
白少锋　范正满　陈小勇　孔　军　姚建光
张　泽　姚维俊　唐晓勇　朱一松　卜　荣
徐国栋　曹　静　唐达獒　黄　玮　张　勇
冯　伟　杨　乐　冯卫东　张　鲲　舒文泉
张志宏　倪华豪　闵兰庚　王锦程　王盈盈
朱　弘

主　编　卜　荣　徐国栋

副主编　张　勇　张　鹏　沈　伟　智　明

参　编　朱东海　许颖文　吴　健　刘丽君　肖岸原
陈　笑　夏　磊　朱雪莹　赵　文　马　越
毕建勋　徐金保　陆志平

序

无危则安，无损则全，安全生产事关人民福祉，事关经济社会发展大局，是广大人民群众最朴素的愿望，也是企业生产正常进行的最基本条件。电网企业守护万家灯火，保障安全是企业履行政治责任、经济责任和社会责任的根本要求。安全生产，以人为本，“人”是安全生产最关键的因素，也是最大的变量。作业人员安全意识淡薄、安全技能不足等问题，是导致各类安全事故发生的一个重要原因。百年大计，教育为本，提升作业人员安全素养，是保障电网安全发展的长久之策，一套面向基层一线的安全技能实训教材显得尤为迫切和重要。

当前，国家和政府安全监管日趋严格，安全生产法制化对电网企业安全管理提出了更高的要求。近年来，新能源大规模应用为主体的新型电力系统加快建设，电网形态不断发生着深刻的变化，也给电网企业安全管理带来了新的课题。为更好地支撑和指导电网企业员工和利益相关方安全教育培训工作，促进作业人员快速全面掌握核心安全技能理论知识，国网泰州供电公司组织修编了这套《电网企业员工安全技能实训教材》系列丛书。应老友邀请，我仔细品读，深感丛书理论性、创造性与实用性并具，是不可多得的安全培训工具书。

本丛书系统性强，专业特色鲜明，共包括《通用安全基础》通用教材及《变电运维》《变电检修》《输电运检》《配电运检》《不停电作业》《电力调度与自动化》《信息通信》《营销计量》《农电》等9本专业教材。《通用安全基础》涵盖安全理论、公共安全、应急技能等内容，9本专业教材根据专业特点量身打造，囊括了安全组织措施和技术措施、两票的填写和使用、专业施工机具及安全工器具、现场安全标准化作业等内容。通用教材是专业教材的基础，专业教材是通用教材的延伸，两类教材互为补充，成为一个有机的整体，给电网企业员工提供了更系统的概念和更丰富的选择。

本丛书实用性强，内容生动翔实，国网泰州供电公司组建的编写团队，由注册安全工程师、安全管理专家、专业技术骨干、作业层精英等人员组成，具备本专业长期现场工作经历。他们从自身工作角度出发，紧密贴合现场管理实际，精准把握一线员工安全培训需求，全面总结了安全管理的概念和要点、标准和流程，提出了满足现场需要的安全管理方法和手段，针对高处作业、动火作业、有限空间作业等典型场景，专题强化安全注意事项，并选用大量的典型违章和事故案例进行分析说明，内容全面丰富、重点突出，使本套教材更易被一线员工接受，使安全培训取得应有的成效。

本丛书指导性强，理论结构严谨，编写团队对标先进、学习经验，经过广泛的调研和深入的讨论，针对电力行业特点，创新构建了包含安全理论、公共安全、通用安全、专业安全、应急技能的“五维安全能力”模型，提出了员工岗位安全培训需求矩阵，描绘了不同岗位员工系统性业务技能和安全培训需求。本丛书还参照院校学分制绘制了安全技能知识图谱，结构化设置知识点，为其在各类安全技能培训班中有效应用提供了指导。

本丛书在编写过程中坚持试点先行，《通用安全基础》和《配电运检》两本教材于 2020 年底先期成稿，试用于国网泰州供电公司 2021 年配电专业安全轮训班，累计培训 3000 余人次，取得了良好的成效，得到了参培人员的一致好评。在此基础上，编写组历时两年编制完成了其余 8 本专业教材。

本丛书的出版，是电网企业在自主安全教育培训方面的一次全新的探索和尝试，具有重要的意义。“知安全才能重安全，懂安全才能保安全”，相信本丛书必将对电网企业安全技能培训工作的开展和员工安全素养的提升做出长远的贡献，也可以作为高校教师及学生了解电力检修施工现场安全管理的参考资料。

与书本为友，享安全同行。

东南大学电气工程学院院长、教授

2022 年 7 月

前言

安全生产是企业的生命线，安全教育培训是电网企业安全发展的重要保障。随着电网技术快速发展、新业务新业态不断革新、作业管理方式持续转变，传统的电力安全培训教材系统性、针对性不强，内容亟须更新。为总结电网企业在安全生产方面取得的新成果，进一步提高电网企业生产技能人员的安全技术水平和安全素养，为电网企业安全生产提供坚强保障，国网泰州供电公司按照国家电网有限公司生产技能人员标准化培训课程体系的要求，结合安生生产实际，组织编写了《电网企业员工安全技能实训教材》丛书，包括《通用安全基础》《变电运维》《变电检修》《输电运检》《配电运检》《不停电作业》《电力调度与自动化》《信息通信》《营销计量》《农电》10 个分册。

本丛书以国家有关的法律、法规和电力部门的规程、规范为基础，着重阐述了电力安全生产的基本理论、基本知识和基本技能，从公共安全、通用安全、专业安全、应急技能等方面，全面、系统地构建电力安全技能培训体系。本丛书精准把握现场一线员工安全培训需求，结构化设置知识点，可作为电网企业生产作业人员和管理人员的安全技能培训教材。

本书为《电网企业员工安全技能实训教材　电力调度与自动化》分册，全书共 7 章：

第 1 章为基本安全要求。介绍调度自动化专业的基础安全知识，包括保证安全的组织措施、技术措施，安全工器具的规范使用与管理，调度自动化运维行为管控规定。

第 2 章为网络安全防护要求。系统介绍了电力监控系统安全防护管理规定，电力监控系统安全防护总体策略，网络安全管理系统，网络安全监测能力验证评估核查表，通用安全防护措施和电力监控系统等级保护及安全评估方案。

第 3 章为调度自动化主站运维和检修安全要求。从调度自动化主站运维、状态检查、容灾与备份、外来人员安全管理、检修管理几个方面介绍了现场安全管控具体要求，并介绍了电力监控系统作业“十禁止”。

第 4 章为调度自动化安全风险辨识。介绍防止电网调度自动化系统事故和防止电力监控系统网络安全事故的相应措施，并结合现场实际讲解了自动化运行、机房、主站电源系统、基础数据等的安全风险辨识。

第 5 章为机房安全运行要求。介绍自动化机房设备布置、环境与辅助设备管理、运行管理、施工管理、消防管理相关安全要求。

第 6 章为应急管理。主要从应急指挥机构、危害程度分析、故障分级、监测预警、应急响应、信息报告、后期处置、应急保障等方面讲解了调度自动化系统故障和电力监控网络安全事件应急预案以及网络安全事件应急工作规范。

第 7 章为典型违章及事故案例分析。列举调度自动化专业常见的典型违章现象及应对措施，选取 9 个典型的事故案例开展具体分析。

本丛书由国网泰州供电公司组织编写，卜荣、徐国栋担任主编，统筹负责整套丛书的策划组织、方案制定、编写指导和审核定稿。公司各专业部门和单位具体承担编写任务，本书的统筹策划由副主编张勇、张鹏、沈伟、智明负责，本书第 1–3 章和第 5、6 章主要由朱东海、陈笑、夏磊、肖岸原、朱雪莹编写，第 4 章由吴健编写，第 7 章由许颖文、刘丽君编写，马越、毕建勋、赵文、徐金保、陆志平负责审核统稿。本书编写过程中，有关专家、学者通过线上、线下等方式提出了宝贵修改建议与意见，在此表示由衷感谢。

由于编写人员水平有限，书中难免存在不妥或疏漏之处，恳请广大读者批评指正。

编　者

2022 年 7 月

目 录

第1章　基本安全要求

本章主要介绍了调度自动化专业的基础安全知识，通过本章的学习可掌握调度自动化专业的一般安全要求，以及保障调度自动化专业安全的组织措施和技术措施，了解常用的安全工器具的规范使用与管理、调度自动化运维行为管控规定。

1.1　一般安全要求

1.1.1　作业人员基本条件

1.1.1.1　经医师鉴定，作业人员应无妨碍工作的病症。

1.1.1.2　作业人员应具备必要的调度自动化的专业知识，掌握专业工作技能，按工作性质，熟悉《国家电网公司电力安全工作规程》（电力监控部分）（试行））、《国家电网公司电力安全工作规程》（变电部分）的内容，并经考试合格。

1.1.1.3　对于《国家电网公司电力安全工作规程》（电力监控部分）（试行））、《国家电网公司电力安全工作规程》（变电部分），作业人员应每年考试一次。因故间断工作连续六个月及以上者，应重新学习本规程，并经考试合格后，方可恢复工作。

1.1.1.4　参与国家电网公司系统所承担工作的外来作业人员应熟悉《国家电网公司电力安全工作规程》（电力监控部分）（试行））、《国家电网公司电力安全工作规程》（变电部分），经考试合格，并经电力调度控制中心认可后，方可参加工作。

1.1.1.5 新参加工作的人员、实习人员和临时参加工作的人员，应经过电力调度控制中心安全知识教育后，方可参加指定的工作。

1.1.1.6 作业人员应被告知其作业现场和工作岗位存在的安全风险、安全注意事项、事故防范及紧急处理措施。

1.1.2 作业现场基本条件

1.1.2.1 作业现场的生产条件、安全设施和安全防护等应符合有关标准、规范的要求。

1.1.2.2 现场使用的工器具、软件工具等应符合有关要求。现场工作中所使用的调试电脑、存储介质应专用，使用前应经过防病毒检测，不得将其连接至互联网。外来人员携带的调试电脑、存储介质不得接入运用中的自动化系统中。

1.1.2.3 作业现场的照明、温度、湿度、安防及消防系统应符合有关标准、规范的要求。

1.1.2.4 机房及相关设施的防雷及接地性能，应符合有关标准、规范的要求。

1.1.2.5 机房及相关设施应配备防水、防潮、防盗、防小动物、防静电等安全设施，应按规定对关键区域实施电磁屏蔽。

1.1.2.6 设备、线缆应有清晰准确的标识，所有进出管孔应用防火材料严密封闭。

1.1.3 一般基本安全要求

1.1.3.1 应熟悉系统和设备，从事主站调度自动化值班人员还应有实际工作经验。

1.1.3.2 严格执行作业开工、收工会制度，开展安全技术交底和作业情况总结。

1.1.3.3 严格执行“一书（标准化作业指导书）、两票（工作票和操作票）、三措（组织措施、安全措施、技术措施）”。主站自动化系统的改扩建工程应编制“三措”。

1.1.3.4 对重要和复杂的工作，如主站UPS电源检修、服务器检修数据处理及、数据网及二次安防设备调试等现场工作，应填写二次安全措施票。

1.1.3.5 工作人员在调度现场工作过程中，当遇到电网事故时，不论与本身工作是否有关，应立即停止工作，保持现状，待查明原因，确定与本工作无关时方可继续工作；若异常情况是本身工作所引起，应保留现场并立即通知运行人员，以便及时处理。

1.1.3.6 设备、业务系统接入生产控制大区或安全Ⅲ区应经电力调度控制中心（部门）批准。生产控制大区拨号访问和远程运维应经电力调度控制中心（部门）批准，服务器和用户端均应使用经国家指定部门认证的安全加固的操作系统并采取加密、认证和访问控制等安全防范措施。

1.1.3.7 禁止除专用横向单向物理隔离装置设备外的其他设备跨接生产控制大区和管理信息大区。

1.1.3.8 禁止电力调度数字证书系统接入任何网络。

1.1.3.9 禁止在调度自动化系统中安装未经安全认证的软件。

1.1.3.10 禁止在调度自动化系统运行环境中进行新设备研发及测试工作。

1.1.3.11 禁止直接通过互联网更新安全设备特征库、防病毒软件病毒库。

1.1.3.12 调度自动化各应用系统投运前，应删除临时账号、临时数据，并修改系统账号默认口令。

1.1.3.13 调度自动化系统（设备）变更用途或退役，应擦除或销毁其中数据。

1.1.3.14 调度自动化系统的过期账号及其权限应及时注销或调整。

1.1.3.15 在调度自动化系统上进行板件更换、软件升级、配置修改等工作前，应核对型号、规格及软件版本等信息。

1.1.3.16 需停电检修的调度自动化的设备，应将设备退出运行、断开外部电源连接、断开网络连接，并做好防静电措施。

1.1.3.17 更换调度自动化设备的热插拔部件、内部板卡等配件时，应做好防静电措施。

1.1.3.18　工作过程中需对设备部分参数进行临时修改，应做好修改前后相应记录，工作结束前应恢复被临时修改的参数。

1.1.3.19　在调度自动化系统上进行传动试验时，应通知被控制设备的运维人员和其他有关人员，并由工作负责人或由其指派专人到现场监视，且做好防误控等安全措施后，方可进行。

1.2　保证安全的组织措施

在自动化系统（设备）上工作，保证安全的组织措施包括现场勘察制度、工作票制度、工作终结制度。

1.2.1　现场勘察制度

自动化设备（系统）安装调试、检修等作业，工作票签发人或工作负责人认为有必要勘察现场的，应根据工作任务组织现场勘察，并填写现场勘察记录。现场勘察由工作票签发人或工作负责人组织。对涉及多专业、多单位的大型复杂作业项目，应由项目主管单位（部门）组织相关人员共同参与。现场勘察记录由工作负责人收执。现场勘察记录应同工作票一起至少保存一年。

1.2.2　工作票制度

1．电力监控系统的工作方式

（1）填用电力监控工作票：电力监控工作票格式见附录，也可使用其他名称和格式或与其他工作票整合，但应包含工作负责人、工作成员、工作地点、工作内容、计划工作时间、安全措施、工作票签发手续、现场交底签名、工作票延期手续、工作终结手续等工作票主要要素。

（2）使用其他书面记录或按口头、电话命令执行。

2．应填用电力监控工作票的工作

在自动化系统（设备）工作上，主站系统软硬件安装调试、更新升级、退出运行、故障处理、设备消缺、配置变更，数据库迁移、表结构变更、数据接入及传动试验、AGC/AVC 试验等工作。子站系统软硬件安装调试、更新升级，退出运行、故障处理、设备消缺、配置变更，数据库迁移、表结构变更、监控信息联调、传动试验、设备定检等工作。

3．其他不需填用自动化工作票的工作要求

应使用书面记录或按口头、电话命令执行，书面记录指工单、工作记录、巡视记录等。按口头、电话命令执行的工作应留有录音或书面派工记录。

1.2.2.1 工作票的填写与签发。

（1）工作票由工作负责人填写，也可由工作票签发人填写。

（2）工作票应使用统一的票面格式，采用计算机生成、打印或手工方式填写，至少一式两份。采用手工方式填写时，应使用黑色或蓝色的钢（水）笔或圆珠笔填写与签发。工作票编号应连续。

（3）工作票由工作票签发人审核，电子或手工签名后方可执行。

（4）一张工作票中，工作签发人与工作负责人不得互相兼任。

（5）工作票由电力监控系统运维单位（部门）签发，也可由经自动化系统（设备）运维单位（部门）审核批准的检修单位签发。

1.2.2.2 工作票使用。

（1）一个工作负责人不能同时执行多张自动化设备工作票。

一份工作票由工作负责人收执，另一份由工作票签发人收执。

（2）需要变更工作成员时，应经工作负责人同意，在对新的工作成员履行安全交底手续后，方可参与工作。非特殊情况不得变更工作负责人，如确需变更工作负责人应由工作票签发人同意，工作负责人允许变更一次。原、现工作负责人应对工作任务和安全措施进行交接。人员变动情况记录在工作票备注栏中。

（3）在工作票的安全措施范围内增加工作任务时，应征得工作票签发人同意，并在工作票上增加工作任务。若需变更或增设安全措施者，应填用新的工作票。

（4）工作票有破损不能继续使用时，应办理新的工作票。

（5）自动化设备故障抢修时，工作票可不经工作票签发人书面签发，但应经工作票签发人同意，并在工作票备注栏中注明。

（6）已终结的工作票及其他书面记录、录音应至少保存一年。

1.2.2.3　工作票的有效期与延期。

（1）工作票的有效期，以批准的检修期为限。

（2）办理工作票延期手续，应在工作票的有效期内，由工作负责人向工作票签发人提出申请，得到工作票签发人同意后方能办理。每张工作票只能延期一次。

1.2.2.4　工作票所列人员的基本条件。

（1）工作票签发人应由熟悉人员技术水平、熟悉电调度自动化系统（设备）情况、熟悉本规程并经本单位批准的人员担任。工作票签发人员名单应公布。检修单位的工作票签发人名单应事先送相关运维单位备案。

（2）工作负责人应具有本专业工作经验、熟悉工作范围内调度自动化系统（设备）情况、熟悉本规程、熟悉工作成员的工作能力，并经本部门批准的人员担任，名单应公布。检修单位的工作负责人名单应事先送相关运维部门备案。

1.2.2.5　工作票所列人员的安全责任。

1．工作票签发人的安全责任

（1）确认工作必要性和安全性。

（2）确认工作票上所填安全措施是否正确完备。

（3）确认所派工作负责人和工作成员是否适当、充足。

2．工作负责人的安全责任

（1）正确组织工作。

（2）检查工作票所列安全措施是否正确完备，是否符合现场实际条件。

（3）工作前，对工作成员进行工作任务、安全措施和风险点告知，并确认每个工作成员都已签名。

（4）执行由其负责的安全措施。

（5）关注工作成员身体状况和精神状态是否正常，人员变动是否合适。

（6）确定需监护的作业内容，并确保监护执行到位。

3．工作成员的安全责任

（1）熟悉工作内容、工作流程，掌握安全措施，明确工作中的风险点，并在工作票上履行交底签名确认手续。

（2）服从工作负责人的指挥，严格遵守本规程和劳动纪律，在确定的作业范围内工作，对自己在工作中的行为负责，互相关心工作安全。

（3）执行由其负责的安全措施。

（4）正确使用工器具、调试计算机（或其他专用设备）、存储介质、软件工具等。

1.2.3 工作终结制度

1.2.3.1 工作完成后，工作班应删除工作过程中产生的临时数据、临时账号等内容，确认电力监控系统运行正常，清扫、整理现场，全体工作成员撤离工作地点。

1.2.3.2 工作负责人应向工作票签发人交待工作内容、发现的问题、验证结果和存在问题等，确认无遗留物件后方可办理工作终结手续。

1.2.3.3 工作终结报告应按以下方式进行：

（1）当面报告。工作负责人和工作票签发人应在电力监控工作票上记录终结时间，并分别签名。

（2）电话报告。工作负责人和工作票签发人应分别在电力监控工作票上记录终结时间和双方姓名，并复诵无误。

1.3 保证安全的技术措施

工作票应填写的安全技术措施如下：授权、备份、验证。

1.3.1 授权

1.3.1.1 工作开始前，应对作业人员进行身份鉴别和授权。

1.3.1.2 授权应基于权限最小化和权限分离的原则。

1.3.2 备份

工作开始时应备份可能受到影响的程序、配置文件、运行参数、运行数据和日志文件等。

1.3.3 验证

1.3.3.1 工作开始时应检查工作对象及受影响对象的运行状态。

1.3.3.2 在冗余系统（双/多机、双/多节点、双/多通道或双/多电源）中将检修设备切换成非主用状态时，应确认其余主机、节点、通道或电源正常运行。

1.4 安全工器具的规范使用与管理

1.4.1 安全工器具分类

1.4.1.1 个体防护装备

个体防护装备是指保护人体避免受到急性伤害而使用的安全用具，包括安全帽、防护眼镜、正压式消防空气呼吸器、静电防护服。

1.4.1.2 辅助绝缘安全工器具

辅助绝缘安全工器具是指绝缘强度不是承受设备或线路的工作电压，只是用于加强基本绝缘工器具的保安作用，用以防止接触电压、跨步电压、泄漏电流电弧对操作人员的伤害，包括辅助型绝缘手套、辅助型绝缘靴（鞋）和辅助型绝缘胶垫。

1.4.1.3 安全围栏（网）和标识牌

安全围栏（网）包括用各种材料做成的安全围栏、安全围网和红布幔，标识牌包括各种安全警告牌、设备标示牌、警示带等。

1.4.2 安全工器具检查与使用

安全工器具检查分为出厂验收检查、试验检验检查和使用前检查，使用前应检查合格证和外观。

1.4.2.1 安全帽。

1．检查要求

永久标识和产品说明等标识清晰完整，安全帽的帽壳、帽衬（帽箍、吸汗带、缓冲垫及衬带）、帽箍扣、下颏带等组件完好无缺失。

帽壳内外表面应平整光滑，无划痕、裂缝和孔洞，无灼伤、冲击痕迹。

帽衬与帽壳连接牢固，后箍、锁紧卡等开闭调节灵活，卡位牢固。

使用期从产品制造完成之日起计算塑料安全帽不得超过两年半。

2．使用要求

任何人员进入生产、施工现场必须正确佩戴安全帽。针对不同的生产场所，根据安全帽产品说明选择适用的安全帽。

安全帽戴好后，应将帽箍扣调整到合适的位置，锁紧下颚带，防止工作中前倾后仰或其他原因造成滑落。

受过一次强冲击或做过试验的安全帽不能继续使用，应予以报废。

高压近电报警安全帽使用前应检查其音响部分是否良好，但不得作为无电的依据。

1.4.2.2　辅助型绝缘手套。

1．检查要求

（1）辅助型绝缘手套的电压等级、制造厂名、制造年月等标识清晰完整。

（2）手套应质地柔软良好，内外表面均应平滑、完好无损，无划痕、裂缝、折缝和孔洞。用卷曲法或充气法检查手套有无漏气现象。

2．使用要求

（1）辅助型绝缘手套应根据使用电压的高低、不同防护条件来选择。

（2）作业时，应将上衣袖口套入绝缘手套筒口内。

（3）按照《国家电网公司电力安全工作规程》（变电部分）有关要求进行设备验电、倒闸操作、装拆接地线等工作时应戴绝缘手套。

1.4.2.3　辅助型绝缘靴（鞋）。

1．检查要求

（1）辅助型绝缘靴（鞋）的鞋帮或鞋底上的鞋号、生产年月、标准号、电绝缘字样（或英文 EH）、闪电标记、耐电压数值、制造商名称、产品名称、电绝缘性能出厂检验合格印章等标识清晰完整。

（2）绝缘靴（鞋）应无破损，宜采用平跟，鞋底应有防滑花纹，鞋底（跟）磨损不超过 1/2。鞋底不应出现防滑齿磨平、外底磨露出绝缘层等现象。

2. 使用要求

（1）辅助型绝缘鞋应根据使用电压的高低、不同防护条件来选择。

（2）穿用电绝缘皮鞋和电绝缘布面胶鞋时，其工作环境应能保持鞋面干燥。

（3）使用绝缘靴时，应将裤管套入靴筒内。

（4）穿用电绝缘鞋应避免接触锐器、高温、腐蚀性和酸碱油类物质，防止鞋受到损伤而影响电绝缘性能。

1.4.2.4　正压式消防空气呼吸器

1. 检查要求

（1）标识清晰完整，无破损。

（2）使用前应检查正压式呼吸器气罐表计压力在合格范围内。

（3）检查面具的完整性和气密性，面罩密合框应与佩戴者颜面密合，无明显压痛感。

2. 使用要求

（1）使用者应根据其面型尺寸选配适宜的面罩号码。

（2）使用中应注意有无泄漏。

1.4.3　安全工器具保管、试验与报废

1.4.3.1　保管。

班组应配置充足、合格的安全工器具，建立统一分类的安全工器具台账和编号方法，定期开展安全工器具清查盘点，确保做到账、卡、物一致。具体要求如下。

（1）安全工器具领用、归还应严格履行交接和登记手续。领用时，保管人和领用人应共同确认安全工器具有效性，确认合格后，方可出库；归还时，保管人和使用人应共同进行清洁整理和检查确认，检查合格的返库存放，不合格或超试验周期的应另外存放，做出“禁用”标识，停止使用。

（2）安全工器具宜根据产品要求存放于合适的温度、湿度及通风条件处，与其他物资材料、设备设施应分开存放。

（3）班组配置的安全工器具，应明确专人负责管理、维护和保养。个人使

用的安全工器具，使用者负责管理、维护和保养，班组安全员不定期抽查使用维护情况。

（4）安全工器具在保管及运输过程中应防止损坏和磨损，绝缘安全工器具应做好防潮措施。

1.4.3.2 试验。

安全工器具应通过国家、行业标准规定的型式试验，以及出厂试验和预防性试验，不同的安全工器具按照试验周期进行检验。具体要求如下。

（1）安全工器具应由具有资质的安全工器具检验机构进行检验。使用期间应按规定做好预防性试验，应进行预防性试验的安全工器如下。

1）规程要求进行试验的安全工器具。

2）新购置和自制安全工器具使用前。

3）检修后或关键零部件经过更换的安全工器具。

4）对其机械、绝缘性能产生疑问或发现缺陷的安全工器具。

5）发现质量问题的同批次安全工器具。

（2）各级单位安全工器具检测试验机构负责所属单位安全工器具试验检验及技术监督工作。

（3）安全工器具经预防性试验合格后，应由检验机构在合格的安全工器具上（不妨碍绝缘性能、使用性能且醒目的部位）牢固粘贴“合格证”标签或可追溯的唯一标识，并出具检测报告。

1.4.3.3 报废。

安全工器具符合下列条件之一者，即予以报废。

（1）经试验或检验不符合国家或行业标准的。

（2）超过有效使用期限，不能达到有效防护功能指标的。

（3）外观检查明显损坏影响安全使用的。

报废的基本要求如下。

（1）及时清理，不得与合格的安全工器具存放在一起。

（2）严禁使用报废的安全工器具。

（3）报废的安全工器具，应做破坏处理，并撕毁“合格证”。

（4）安全工器具报废情况应纳入管理台账做好记录，存档备查。

1.5 运维行为管控规定

主站运维行为管控应坚持“分级管控、权限分离、双重验证”原则，全面覆盖、突出重点，加强“关键人员、关键设备、关键操作”风险管控。

1.5.1 运维人员

1.5.1.1 建立责权分立、操作制衡的管控机制。主站运维应设系统管理员，并按管理对象分设网络管理员、数据库管理员和安全管理员。网络管理员负责网络运维管理；数据库管理员负责各类数据库统一管理；安全管理员负责安全配置管理。

1.5.1.2 主站运维人员按承担业务的重要程度分为核心运维人员、日常运维人员和临时运维人员。

1.5.1.3 核心运维人员负责关键设备设施、数据库、基础平台、实时监控、自动控制等软硬件运维工作。

1.5.1.4 日常运维人员为负责非关键设备软硬件运维工作的人员。

1.5.1.5 临时运维人员为开展系统升级、消缺、临检等非常态化维护工作的人员。

1.5.1.6 调控机构应加强运维人员准入管理，组织运维单位和个人分别签订保密协议和安全承诺书，严防社会工程学攻击。

1.5.1.7 核心和日常运维人员应定期接受安全、运行、保密管理制度和相关技能培训，考核合格后方可上岗。临时运维人员应具备主业单位认可的运维资质，通过现场安全管理制度培训，考核合格后方可参与运维。

1.5.2 运维场所

1.5.2.1 调控机构应建立专用运维场所，配备电子门禁和视频监控系统，实行封闭化管理，鉴别和记录所有出入人员。

1.5.2.2 专用运维场所应通过部署堡垒机等技术手段，建立“事前授权、事中监管、事后审计”的安全管控机制，实现运维行为的全过程管控。

1.5.2.3 专用运维场所中的运维终端，应按安全区分区布置，并设置明显标识。

1.5.2.4 加强外部设备接入管理，应配备专用的运维终端和移动存储介质，并加强恶意代码防护措施。

1.5.2.5 运维工作原则上应在专用运维场所开展，并对运维行为实施全面管控和审计。

1.5.2.6 运维人员进入专用运维场所和机房，应按照工作票指定的工作范围和时间取得门禁授权，工作期间应保持出入门禁关闭状态。

1.5.3 运维对象

1.5.3.1 调控机构应建立主站关键设备清单，关键设备应包括但不限于以下设备：

（1）前置服务器、SCADA 服务器、AGC/AVC 服务器、数据库服务器、磁盘阵列控制器。

（2）调度数据网骨干网和接入网核心路由器，局域网核心交换机。

（3）横向隔离装置及传输服务器、纵向加密认证装置、堡垒机（权限集中管理设备）。

（4）UPS 电源及配电系统、时间同步装置。

1.5.3.2 加强关键设备运行管理，关键设备操作应落实专人监护措施。

1.5.4 用户权限管理

1.5.4.1 主站用户权限管理应遵循实名制和最小化原则，严格履行审批手续，合理配置角色、权限和有效期。

1.5.4.2 系统管理员应建立核心运维人员和日常运维人员的长期用户账号，根据运维需要分配长期权限、设置合理使用周期，及时清理离（调）岗人员账号。

1.5.4.3 系统管理员应严格按照工作票内容分配临时运维人员的临时用户账号、权限和时效，遵循“一人一事一账号”原则，完工后及时收回临时用户权限。

1.5.5 运维操作

1.5.5.1 主站运维操作依据可能造成的安全风险，按照关键、重要和一般三个级别实行分级管控。

1．关键运维操作

关键运维操作是指可能造成下列严重后果的操作。

（1）调度自动化主备调系统 SCADA 功能失效。

（2）安全防护功能整体失效或重要功能失效。

（3）数据泄露、丢失或被窃取篡改等重大事件。

（4）不间断电源或空气调节系统异常停运。

2．重要运维操作

重要运维操作是指改变调度自动化系统软硬件运行状态，从而可能导致系统运行异常、影响事故处理或延误送（发）电的操作。

3．一般运维操作

一般运维操作是关键、重要运维操作以外的其他运维操作。

1.5.5.2 根据系统实际情况，建立主站运维操作分级清单。清单至少应包括关键和重要运维操作，如对关键设备的运维操作，对基础平台、商用数据库、应用软件、网络安全管理平台等软件的运维操作等。

1.5.5.3 关键和重要运维操作应严格安全管控，按照工作票、标准化作业指导书相关要求执行。对于配合新（改、扩）建项目工程实施的关键和重要运维操作，应制订工作方案，其中涉及关键运维操作的工作方案应由调控机构分管领导审定，涉及重要运维操作的工作方案应由自动化负责人审定。

1.5.5.4 调控机构应结合具体情况，编制运维操作标准化作业指导书，规范各类运维操作行为。

1.5.5.5 调控机构宜建立测试环境，模拟验证运维操作，评估影响及风险，优化工作方案。

1.5.5.6 关键和重要运维应执行工作票制度，关键操作工作负责人由自动化负责人或其授权自动化专责担任，重要操作工作负责人由自动化专责担任。

1.5.5.7 关键和重要运维严格执行操作监护、双重验证，工作负责人应到现场并全程负责组织实施。

1.5.5.8 应急处置时，自动化负责人和专责可临时授权现场人员实施操作，并做好记录。

1.5.5.9 建立运维行为事后评估机制，定期开展运维分析，对运维人员工作成效进行评价考核。

1.5.6 系统运维操作分级原则清单

系统运维操作分级原则清单见表1-1。

表1-1 系统运维操作分级原则清单

序号	操作	操作类型	操作内容
1	关键运维操作	基础设施	（1）可能导致UPS电源双机停运的运维操作。 （2）可能导致机房配电系统停电的运维操作。 （3）可能导致机房精密空调全停的运维操作。 （4）可能导致调度大屏幕整体停运的运维操作
		网络设备	（1）可能导致调度数据网链路大面积中断的配置、策略调整操作。 （2）可能造成系统整体异常的局域网核心交换机的更换，配置、策略调整操作
		计算机硬件设备	（1）可能导致前置数据采集、SCADA、AGC、AVC等关键应用（简称关键应用）服务器双机停运的操作。 （2）可能导致磁盘阵列停运的操作。 （3）可能导致时间同步装置双机停运、采集异常的运维操作
		基础平台	可能影响基础平台整体运行的服务总线、消息总线、实时数据库、数据交换、人机交互等核心软件的启停、升级、关键配置修改、批量权限更改等操作
		商用数据库	可能影响数据库整体服务的数据库迁移、软件升级、配置修改、双机软件启停、系统表修改、关键应用数据表结构变更等操作
		应用软件	（1）可能导致关键应用异常的软件升级、配置修改等操作。 （2）安全I/Ⅱ/Ⅲ区新应用上线投运
		网络安全	（1）可能导致安全防护整体功能失效或重要功能失效的运维操作。 （2）横向隔离、防火墙、加密认证装置/卡的双机更换、防护策略批量变更等操作
2	重要运维操作	基础设施	（1）可能导致UPS电源单机停运的运维操作。 （2）可能导致机房配电系统单回路停电的运维操作
		网络设备	（1）可能导致调度数据网单个核心路由器及交换机运行异常的路由策略调整。 （2）调度数据网骨干网、接入网核心路由器的单机更换。 局域网交换机策略调整

续表

序号	操作	操作类型	操作内容
2	重要运维操作	计算机硬件设备	（1）可能导致关键应用服务器单机停运的操作。 （2）可能导致非关键应用服务器双机停运的操作
		基础平台	（1）可能影响基础平台运行的模型拼接、实时库下装等操作。 （2）可能影响基础平台运行的基础平台的配置修改，用户权限更改等操作
		商用数据库	（1）可能影响数据库正常运行的数据人工批量查询。 （2）跨安全区、主备调之间数据库同步相关操作
		应用软件	（1）关键应用的主、备机切换，进程启停等操作。 （2）非关键应用软件升级、配置修改等操作
		网络安全	（1）可能导致安全防护功能削弱的运维操作。 （2）横向隔离、防火墙、加密认证装置/卡、网络安全监测装置的淡季更换、软件升级等操作

第2章　网络安全防护要求

本章主要介绍了电力监控系统安全防护管理规定，通过本章可了解电力监控系统安全防护总体策略，可了解网络安全管理系统的作用，掌握网络安全监测能力验证评估核查的内容和通用安全防护措施，并了解电力监控系统等级保护及安全评估方案的内容。

网络安全的问题越来越突出，网络安全的内涵也在不断扩展。《中华人民共和国网络安全法》自 2017 年 6 月 1 日起实施，对现阶段的网络安全有了新的明确的定义：网络安全是指通过采取必要措施，防范对网络的攻击、侵入、干扰、破坏和非法使用以及意外事故，使网络处于稳定可靠运行的状态，以及保障网络数据的完整性、保密性、可用性的能力。

面对电力监控系统技术发展对安全防护要求，落实国家信息安全等级保护制度，按照国家信息安全等级保护的有关要求，坚持“安全分区、网络专用、横向隔离、纵向认证”的原则，研究和开发电力监控系统安全防护评估技术，建立健全电力监控系统安全防护评估制度，落实常态化开展，将电力监控系统安全防护评估纳入电力系统安全评价体系。及时发现电力监控系统中存在的安全隐患，指导安全防护体系建设，提高工控系统整体安全。电力监控系统安全防护工作保障电力监控系统的安全。

2.1　电力监控系统安全防护管理规定

2.1.1　技术管理

2.1.1.1　发电企业、电网企业内部基于计算机和网络技术的业务系统，应当划分为生产控制大区和管理信息大区。

生产控制大区可以分为控制区（安全区Ⅰ）和非控制区（安全区Ⅱ）；管理信息大区内部在不影响生产控制大区安全的前提，可以根据各企业不同安全要求划分安全区。

根据应用系统实际情况，在满足总体安全要求的前提下，可以简化安全区的设置，但是应当避免形成不同安全区的纵向交叉联结。

2.1.1.2　电力调度数据网应当在专用通道上使用独立的网络设备组网，在物理层面上实现与电力企业其他数据网及外部公用数据网的安全隔离。

电力调度数据网划分为逻辑隔离的实时子网和非实时子网，并分别连接控制区和非控制区。

2.1.1.3　生产控制大区的业务系统在与其终端的纵向联结中使用无线通信网、电力企业其他数据网（非电力调度数据网）或外部公用数据网的虚拟专用网络方式（VPN）等进行通信的，应当设立安全接入区。

2.1.1.4　在生产控制大区与管理信息大区之间必须设置经国家指定部门检测认证的电力专用横向单向安全隔离装置。

生产控制大区内部的安全区之间应当采用具有访问控制功能的设备、防火墙或者相当功能的设施，实现逻辑隔离。

安全接入区与生产控制大区中其他部分的联结处必须设置经国家指定部门检测认证的电力专用横向单向安全隔离装置。

2.1.1.5　在生产控制大区与广域网的纵向联结处应当设置经过国家指定部门检测认证的电力专用纵向加密认证装置或者加密认证网关及相应设施。

2.1.1.6　安全区边界应当采取必要的安全防护措施，禁止任何穿越生产控制大区和管理信息大区之间边界的通用网络服务。

生产控制大区中的业务系统应当具有高安全性和高可靠性，禁止采用安全风险高的通用网络服务功能。

2.1.1.7　依照电力调度管理体制建立基于公钥技术的分布式电力调度

数字证书及安全标签，生产控制大区中的重要业务系统应当采用认证加密机制。

2.1.1.8 电力监控系统在设备选型及配置时，应当禁止选用经国家相关管理部门检测认定，并且经国家能源局通报存在漏洞和风险的系统及设备；对于已经投入运行的系统及设备，应当按照国家能源局及其派出机构的要求及时进行整改，同时应当加强相关系统及设备的运行管理和安全防护。生产控制大区中除安全接入区外，应当禁止选用具有无线通信功能的设备。

2.1.2 安全管理

2.1.2.1 电力监控系统安全防护是电力安全生产管理体系的有机组成部分。电力企业应当按照“谁主管谁负责，谁运营谁负责”的原则，健全电力监控系统安全防护的组织保证体系和安全责任体系，落实国家行业主管部门的安全监管责任、各电力企业的安全主体责任、各级电网调度控制机构的安全技术监督责任。各电力企业应设立电力监控系统安全管理工作的职能部门，由企业负责人作为主要责任人，宜设立首席安全官。开发制造单位应承诺其产品无恶意安全隐患并终身负责，检测评估单位、规划设计单位等均应对其工作终身负责。

电力调度机构负责直接调度范围内的下一级电力调度机构、变电站、发电厂涉网部分的电力监控系统安全防护的技术监督，发电厂内其他监控系统的安全防护可以由其上级主管单位实施技术监督。发电厂内其他监控系统的安全防护可以由其上级主管单位实施技术监督。监督。

2.1.2.2 电力调度机构、发电厂、变电站等运行单位的电力监控系统安全防护实施方案必须经本企业的上级专业管理部门和信息安全管理部门，以及相应电力调度机构的审核，方案实施完成后应当由上述机构验收。信息安全管理部门及相应电力调度机构的审核，方案实施完成后应当由上述机构验收。

接入电力调度数据网络的设备和应用系统，其接入技术方案和安全防护措施必须经直接负责的电力调度机构同意。

2.1.2.3 建立健全电力监控系统安全防护评估制度，采取以自评估为主、检查评估为辅的方式，将电力监控系统安全防护评估纳入电力系统安全评价体系。

2.1.2.4 建立健全电力监控系统安全的联合防护和应急机制，制订应急预案。电力调度机构负责统一指挥调度范围内的电力监控系统安全应急处理。

当网络遭受攻击、生产控制大区的电力监控系统出现异常或者故障时，应当立即向其上级电力调度机构及当地国家能源局派出机构报告，并联合采取紧急防护措施，防止事态扩大，同时应当注意保护现场，以便进行调查取证。

2.1.3 保密管理

2.1.3.1 电力监控系统相关设备及系统的开发单位、供应商应当以合同条款或保密协议的方式保证其所提供的设备及系统符合本规定的要求，并在设备及系统的全生命周期内对其负责。

电力监控系统专用安全产品的开发单位、使用单位及供应商，应当按国家有关要求做好保密工作，禁止关键技术和设备的扩散。

2.1.3.2 对生产控制大区安全评估的所有评估资料和评估结果，应当按国家有关要求做好保密工作。

2.1.4 监督管理

2.1.4.1 国家能源局及其派出机构负责制订电力监控系统安全防护相关管理和技术规范，并监督实施。

2.1.4.2 对于不符合电力监控系统安全防护相关管理和技术规范要求的，相关单位应当在规定的期限内整改；逾期未整改的，由国家能源局及其派出机构依据国家有关规定予以处罚。

2.1.4.3 对于因违反电力监控系统安全防护相关管理和技术规范，造成电力监控系统故障的，由其上级单位按相关规程规定进行处理；发生电力设备事故或者造成电力安全事故（事件）的，按国家有关事故（事件）调查规定进行处理。

2.2　安全防护总体策略

电力监控系统安全防护总体策略为“安全分区、网络专用、横向隔离、纵向认证”。总体策略示意如图 2-1 所示。

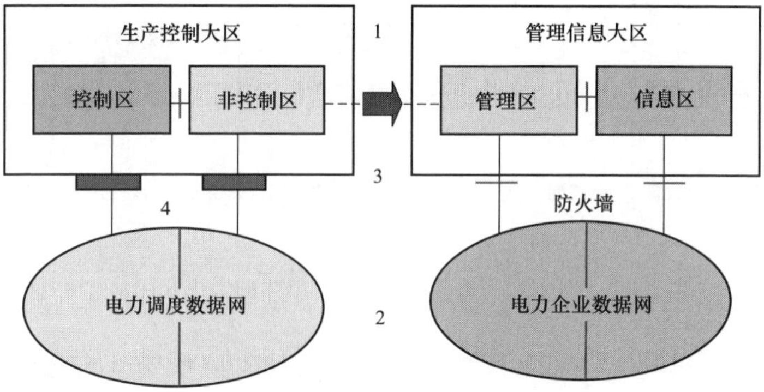

图 2-1　总策略示意图

1—安全分区；2—网络专用；3—横向隔离；4—纵向认证

2.2.1　安全分区

分为生产控制大区和管理信息大区，安全分区示意图如图 2-2 所示。生产控制大区可以分为控制区（安全区Ⅰ）和非控制区（安全区Ⅱ）；管理信息大区内部在不影响生产控制大区安全的前提下，可以根据各企业不同安全要求划分安全区，如生产管理安全区Ⅲ、管理信息安全区Ⅳ。根据应用系统实际情况，在满足总体安全要求的前提下，可以简化安全区的设置，但是应当避免通过广域网形成不同安全区的纵向交叉连接。

安全分区的作用：保证生产控制大区与外界隔离；保证核心机密数据不会泄露。

2.2.1.1　安全区Ⅰ是实时控制区，安全保护的重点与核心。具有实时监控功能，纵向联结使用电力调度数据网的实时子网或专用通道的各业务系统构成的安全区域。例如，调度中心中 EMS 系统和广域相量测量系统（WAMS）、配

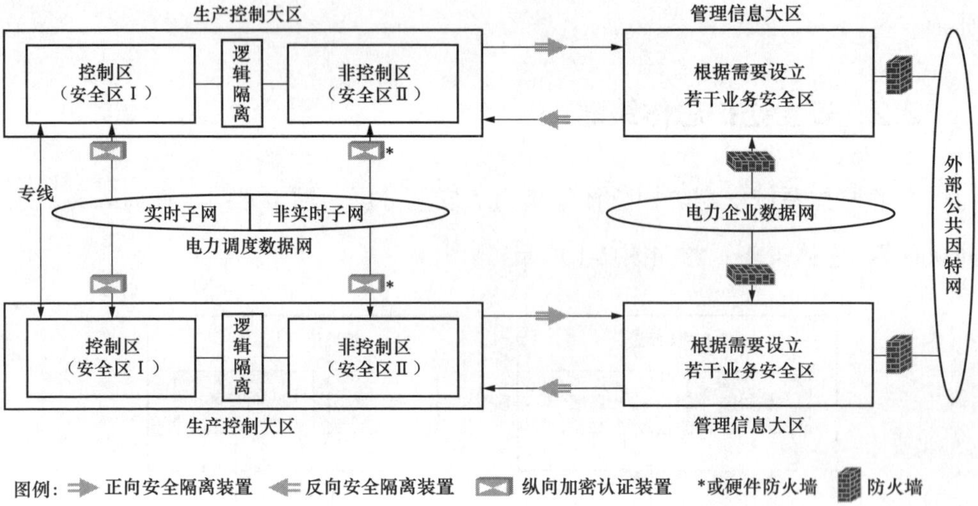

图 2-2 安全分区示意图

电自动化系统、变电站自动化系统、发电厂自动监控系统或火电厂的管理信息系统（SIS）中 AGC 功能等。其面向的使用者为调度员和运行操作人员，数据实时性为秒级，外部边界的通信均经由电力调度数据网。区中还包括采用专用通道的控制系统，如继电保护、安全自动控制系统、低频/低压自动减载系统、负荷控制系统等，这类系统对数据通信的实时性要求为毫秒级或秒级，是电力监控系统中最重要系统，安全等级最高。

2.2.1.2 安全区Ⅱ是非控制生产区。在生产控制范围内在线运行但不直接参与控制，是电力生产过程的必要环节，纵向联结使用电力调度数据网的非实时子网的各业务系统构成的安全区域。典型的系统如水调自动化系统、电能量计量系统、发电侧电力市场交易系统等。其面向的使用者为运行方式、运行计划工作人员及发电侧电力市场交易员等。数据的实时性是分级、h 级。该区的外部通信边界为电力调度数据网。

2.2.1.3 安全区Ⅲ是生产管理区。这些系统都是为电力生产管理服务的，是非实时系统；它们与安全Ⅰ区和安全Ⅱ区有数据交换。典型的系统为雷电监测系统、气象信息接入等。该区的外部通信边界为电力数据通信网（SPTnet）。

2.2.1.4 安全区Ⅳ是管理信息区。这些系统是为电力企业的日常管理服务的，使用电力企业数据网络。该区包括办公管理信息系统、客户服务等。该区的外部通信边界为 SPTnet 及因特网。

2.2.2 网络专用

电力调度数据网应当在专用通道上使用独立的网络设备组网，在物理层面上实现与电力企业其他数据网及外部公用数据网的安全隔离。电力调度数据网是电力二次安全防护体系的重要网络基础。安全区Ⅰ与安全区Ⅱ之间允许采用逻辑隔离；安全区Ⅰ、Ⅱ与安全区Ⅲ、Ⅳ之间必须实现物理隔离。网络专用的作用：保证生产数据的实时性（带宽独享，速度快）；保证生产数据的可靠性（无外界干扰）。

2.2.3 横向隔离

利用正反向物理隔离装置对网络进行物理意义的隔离。电力调度数据网（SPDnet）与电力数据通信网（SPTnet）实现物理隔离，SPDnet 提供二个相互逻辑隔离的 MPLS-VPN 分别与安全区Ⅰ和安全区Ⅱ进行通信。安全Ⅰ区与安全Ⅱ区的业务系统如果要通过网络方式传输数据，应部署防火墙实现逻辑隔离；在生产控制大区与管理信息大区之间如果需要网络方式传输数据，必须设置经国家指定部门检测认证的电力专用横向单向安全隔离装置，实现物理隔离。若是生产控制大区向管理信息大区方向网络方式传输数据，就用电力专用横向正向单向安全隔离装置，反之，用电力专用横向反向单向安全隔离装置，生产控制大区与管理信息大区数据网络传输连接示意图如图 2-3 所示。

2.2.4 纵向认证

2.2.4.1 纵向加密认证是电力二次安全防护体系的纵向防线。电力专用纵向加密认证装置用于Ⅰ区与Ⅰ区之间（实时）或Ⅱ区于Ⅱ区（非实时）之间，必须成对布置，送端与发端点对点解析，存在加密和解密的双向过程，同时绑定地址。安全Ⅰ区的业务系统通过调度数据网的实时子网与调度端通信，安全Ⅰ区纵向加密示意图如图 2-4 所示。

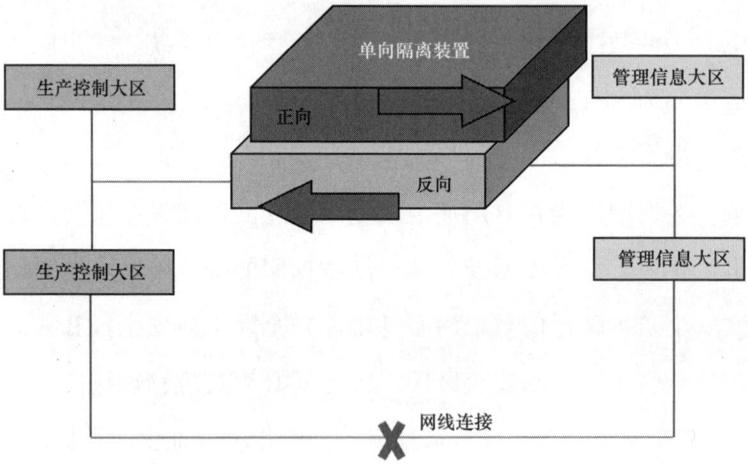

图 2-3　生产控制大区与管理信息大区数据网络传输连接示意图

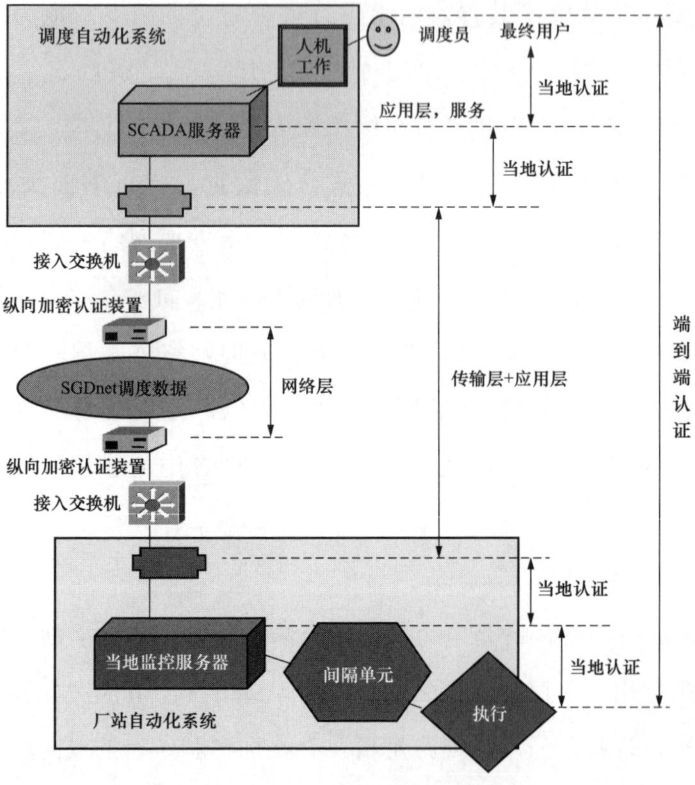

图 2-4　安全 I 区纵向加密示意图

纵向加密论证装置或加密认证网关；安全Ⅱ区的业务系统通过调度数据网的非实时子网与调度端通信，需要设置纵向加密论证装置或加密认证网关。纵向加密论证装置或加密认证网关部署在电力控制系统的内部局域网与电力调度数据网的路由器之间，可以为电力调度部门上下级控制中心多个业务系统之间的实时数据交换提供论证与加密服务，实现端到端的选择性保护，保证电力数据的机密性和完整性。

2.2.4.2　纵向认证指采用认证、加密、访问控制等技术措施实现数据的远方安全传输以及纵向边界的安全防护。通过其可实现双向身份认证、数据加密和访问控制。

2.2.4.3　生产控制大区的业务系统与终端的纵向通信应优先。

采用电力调度数据网等专用数据网络，并采取有效的防护措施；使用无线通信网或非电力调度数据网进行通信的，应当设立安全接入区，并采用安全隔离、访问控制、安全认证及数据加密等安全措施。

2.2.4.4　配电自动化系统、负荷控制系统应部署于生产控制。

大区配电或营销专区，采用专用网络通信，与管理信息大区系统之间采用物理隔离的安全防护措施，与终端间的纵向通信应当采用经过国家指定部门检测认证的电力专用纵向加密认证装置或者加密认证网关及相应设施，加密设备证书由调度数字证书系统签发。

2.2.4.5　具有远方控制功能（如系统保护、精准切负荷等）的业务应采用人员设备和程序的身份认证，具备数据加密等安全技术措施。

2.3　网络安全管理系统

通用的安全监测产品一般是采用网络流量和报文分析技术对互联网通用服务和协议进行监测、分析，对于网络空间隔离、设备和用户相对确定、网络服务私有可控、正常情况下无人操作的电力监控系统而言，是最佳选择。建设网络安全管理平台是电力监控系统网络安全闭环管理的与用技术支撑手段，是发现并反制网络有害行为的重要工具。同时也满足《中华人民共和国网络安全法》

及等级保护相关标准规范的技术要求。将监测关口从网络边界前移到服务器、工作站、交换机等具体设备，从每一台设备的网络访问、设备接入、人员登录、设备操作、未知程序运行五类可疑事件入手，及早发现并处置网络攻击、病毒感染等各类安全事件。

电力监控系统的网络安全监管系统及安全监管体系覆盖国、分、省、地级调控机构及厂站。地级调控机构的网络安全监管系统主要实现安全采集、安全监视与告警、安全核查等功能；县级调控机构可根据被安全监测的设备规模，选择电力监控系统网络安全监管系统的安全采集功能或是仅部署网络安全监测装置，主要实现本级调度的安全采集功能，将安全监视信息上报到上级地级调度机构进行集中监视和管理。

2.3.1 主站管理平台

在主站安全Ⅱ区部署数据网关机，接收并转发来自厂站的网络安全事件。在主站安全Ⅱ区部署网络安全管理平台，接收各类采集数据及网络安全时间，实现对网络安全事件的实时监视、集中分析和统一审计。

按照“监测对象自身感知、网络安全监测装置分布采集、网络安全管理平台统一管控”的原则，构建电力监控系统网络安全管理体系，实现网络空间安全的实时监控和有效管理，网络安全管理体系结构图如图 2-5 所示。

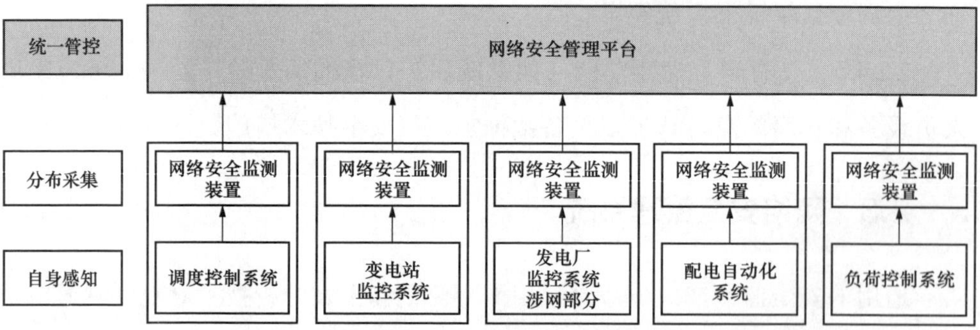

图 2-5 网络安全管理体系结构图

监测对象采用自身感知技术，产生所需网络安全事件并提供给网络安全监测装置，同时接受网络安全监测装置对其的命令控制。

网络安全监测装置就地部署，实现对本地电力监控系统的设备上采集、处理，同时把处理的结果通过通信手段送到调度机构部署的网络安全管理平台。

网络安全管理平台部署于调度主站，负责收集所管辖范围内所有网络安全监测装置的上报事件信息，进行高级分析处理，同时调用网络安全监测装置提供的服务实现远程的控制与管理。

电力监控系统网络安全管理平台应用功能包括安全监视、安全告警，安全分析、安全审计、安全核查五类。

2.3.1.1 安全监视功能。

安全监视提供对电力监控系统整体安全运行情况进行实时监视的功能，包括安全概览、拓扑监视、设备监视、行为监视、威胁监视、纵向管控、响应处置等。

1. 安全概览

具备根据系统整体安全运行数据，宏观展示全网安全运行情况。

（1）本级平台使用各类综合指标展示运行情况，包括平台的分时告警统计、资产分布情况统计及平台密通率统计等指标。

（2）下级平台使用地图来展示整体运行情况，展示各下级平台级联到本级平台的实时情况。内容包含下级平台的风险控制指标、在线情况、告警情况，同时包含远程调阅及下级告警展示的入口。

2. 拓扑监视

使用拓扑图展现全网的安全主机及各类安全设备，支持查看设备的告警情况及在线情况。

（1）拓扑中展示的设备类型包括主机、交换机、纵向加密设备、横向隔离装置、防火墙、入侵检测等。

（2）资产在拓扑中可以自由地设置位置；拓扑中各设备间连线的构成方式包括网络连接关系及纵向间的隧道连接。

（3）资产可以按安全区、所在区域、资产类型等属性进行筛选，同时支持资产查询。

（4）资产在拓扑中可以关联到告警查询、基线核查、运维信息、属性信息、运行信息。

（5）当发生新告警、新设备接入时，拓扑中应能够实时动态展示。

3．设备监视

设备监视功能包括对主机设备、网络设备、数据库和安全设备的监视，可同时监视以上设备的指标数据。

（1）主机设备监视：对本级主机设备的运行状态、告警信息、操作信息、外接设备使用情况以及设备异常进行实时监视。运行状态监视包括在线状态、CPU 利用率、内存利用率、未关闭的 TCP 连接数、网络端口监听状态；告警信息监视包括告警数量监视；操作信息监视包括登录用户数；外接设备使用情况监视包括 USB 接入数、并口使用情况、串口使用情况以及光驱使用情况；设备异常监视包括电源模块状态信息。

（2）网络设备监视：对网络交换机设备的运行状态、告警信息以及设备异常进行实时监视。运行状态监视包括在线状态、CPU 利用率、内存利用率以及运行时长；告警信息监视包括告警数量监视。

（3）数据库监视：对数据库设备的运行状态、告警信息以及设备异常进行实时监视。运行状态监视包括运行时长、运行状态、CPU 利用率、内存利用率、当前已使用连接数、剩余连接数、存储空间使用情况；告警信息监视包括告警数量监视；运行异常监视包括数据库锁表状态。

（4）安全设备监视：对纵向设备、隔离设备、防火墙设备、入侵检测系统以及防病毒系统进行实时监视。对纵向设备可实时监视设备在线状态、CPU 利用率、内存利用率、主备机状态、明/密通隧道数量、明/密通策略数量、设备密通率以及告警数；对隔离设备可实时监视设备在线状态、CPU 利用率、内存利用率、告警数；对防火墙设备可实时监视在线状态、CPU 利用率、内存利用率、网口状态、电源模块状态、风扇状态以及告警数；对入侵检测系统和防病毒系统可实时监视设备在线状态以及告警数。

4．行为监视

行为监视功能是对主机、操作人员以及其他设备的操作行为监视，包括主机登录监视、链路拓扑监视、操作人员登录主机的信息监视、被操作主机的信息监视以及其他设备用户登录状态的信息监视。

（1）主机行为监视：以主机为对象对主机登录链路过程进行监视，可实时监视登录用户、登录方式、操作信息、登录链路等信息。登录方式包括 SSH 登录、本地登录和 X11 协议登录。

（2）人员行为监视：以人为对象对操作人员登录主机的操作信息进行监视，可实时监视登录主机是否活跃、登录方式、操作行为等信息。

（3）设备操作行为监视：对纵向设备、隔离设备、防火墙设备、数据库以及网络设备的用户登录状态进行监视，可实时监视用户登录、用户退出、用户操作等信息。

5．威胁监视

威胁监视功能包括外部访问监视、内部行为监视、外设接入监视和重点设备监视。可实时监视通过调度数据网访问到本级调控中心的安全事件、实时监视调控中心内部本地登录和远程终端以及远程桌面访问的安全事件、实时监视调控中心外设接入的安全事件和重点设备中由安全事件产生的告警事件。

（1）外部访问监视可实时监视通过调度数据网访问到本级调控中心的安全事件。

（2）内网行为监视可实时监视调控中心内部本地登录、远程终端、远程桌面访问的安全事件。

（3）外设接入监视可实时监视调控中心外接设备接入的安全事件。

（4）重点设备监视，针对上述外部访问、内网行为监视和外设接入监视所产生的告警信息，会在重点设备监视功能中集中展示，具体包括发生告警的告警时间、主机 IP 地址、该主机的活跃用户数量、告警内容。

6．纵向管控

纵向管控提供对纵向加密装置进行配置和监控功能，包含以下功能：

（1）管控节点信息管理包括节点的增加、删除、修改、节点证书导入等功能。

（2）以管控节点间连线的方式展示隧道连接关系。

（3）设备信息管理包括设备信息查询、设备重启等。

（4）设备隧道信息管理包括隧道的添加、删除、重置、查询等。

（5）设备策略信息管理包括策略的添加、删除、修改、查询等。

（6）证书管理包括证书导入、证书替换等。

7．响应处置

平台通过下发指令的方式，对发现网络攻击、病毒感染等安全事件进行处置，包括禁用主机网卡，阻断非法 SSH、X11 访问链路等。

2.3.1.2　安全告警功能。

遵循 GB/T 31992—2015《电力系统通用告警格式》，提供实时告警、历史告警功能。

1．实时告警

（1）针对管理平台的告警情况，采用告警提示窗、告警悬浮窗、告警轮播等多种方式实时展示告警情况。

（2）告警范围包括：安全事件类、运行异常类、设备故障类、人员操作类告警。

（3）智能告警分析：支持对提取每条历史数据的源 IP、源端口、目的 IP 和目的端口进行分析，提取出异常检测规则，并周期性调用异常检测引擎，进行规则匹配，对其进行信息归纳。

2．历史告警

提供 6 个月内的安全告警信息的记录、查询等功能。包括设备信息、安全告警发生次数、发生时间、告警内容、是否解决、解决方法等信息。支持按所属区域、安全区、电压等级、设备类型等属性进行告警筛选，支持按告警级别、确认状态、发生时间等属性对告警进行搜索的功能，支持告警内容的全文检索，支持按关键字段对告警记录进行排序。

2.3.1.3 安全分析功能。

使用综合分析手段，通过对设备安全监视与安全告警数据进行不同维度的分析与挖掘，提供多视角、多层次的分析结果。安全分析功能包括运行分析、安全报表、对比分析。

1．运行分析

运行分析从统计的角度查看平台运行的告警数、资产数及在线率等相关指标。提供各区域运行指标的地图展示功能。运行分析包括运行指标分析、运行统计分析、运行趋势分析功能。

（1）运行指标分析。依据平台运行告警情况提供告警数量统计；依据设备离线情况提供设备离线情况统计；依据纵向设备明密文流量信息提供设备密通信息统计。

（2）运行统计分析。提供每日按区域、电压等级、厂商、设备类型维度的安全告警信息的统计分析；提供每日按区域、电压等级、厂商、设备类型维度的纵向设备密通信息的统计分析；提供每日按区域、电压等级、厂商、设备类型维度的设备在线情况的统计分析。

（3）运行趋势分析。提供按时间维度的安全告警信息及解决情况的趋势分析；提供按时间维度的纵向加密装置密通信息的趋势分析；提供按时间维度的接入设备数量的趋势分析；提供按时间维度的设备在线情况的趋势分析。

2．安全报表

提供报表工具，可生成用户所需的安全运行报表。报表中包含数据统计、图形展示、表格展示等多种数据展示方式。按照标准格式，生成日报、月报、年报，提供导出功能。

3．对比分析

提供自定义生成安全指标对比分析功能。选择需对比的安全指标、对比类型，定制筛选条件，即可生成自定义安全对比。生成的对比内容包括图形展示和表格展示，对比结果支持常驻显示。对比安全指标包括：各级别的告警数、各在线状态的资产数、资产部署率、资产在线率、平台密通率等。对比类型包括：所属区域、设备厂商、电压等级、设备类型等。

2.3.1.4 安全审计功能。

安全审计为安全事件分析提供追溯手段，包括主机行为审计、设备行为审计、接入审计、设备离线审计、综合审计等。

1．主机行为审计

行为审计通过对主机登录信息及操作信息的历史查询，能够提供主机登录操作信息的记录、查询等功能。包括主机登录系统用户名、登录时间、退出时间、操作命令、操作时间等信息，支持对相关操作行为关联审计及操作路径的回溯。

2．设备行为审计

提供对各类设备的操作行为进行审计的功能。

（1）网络设备登录行为审计：提供6个月内的网络设备登录信息的记录、查询等功能，登录信息包括登录用户名、登录时间、退出时间、操作命令、操作时间等。

（2）数据库操作行为审计：提供6个月内的数据库配置信息更改、用户权限变更等信息的记录、查询等功能，操作信息包括操作时间、操作内容等。

（3）安全设备登录行为审计：提供6个月内的安全设备登录信息的记录、查询等功能，登录信息包括登录用户名、登录时间、退出时间、操作内容、操作时间等。

3．接入审计

审计外设接入、网络接入相关行为，针对不同的外设接入类型提供分类审计功能，能够追踪网络接入的详细信息。

（1）外设接入审计：提供6个月内的外设设备接入信息的记录、查询等功能，接入信息包括设备类型、接入时间、拔出时间等。

（2）网络接入审计：提供6个月内的网络交换机设备接入信息的记录、查询等功能，接入信息包括设备IP、接入时间、断开时间等。

4．设备离线审计

提供6个月内的设备离线情况的记录、查询等功能。审计各类设备的离线情况，包括设备离线开始时间、离线时长等信息。

5．综合审计

综合审计以安全威胁事件为对象，从威胁事件关联到其所涉及的操作及告警的整体情况，进一步细化到具体的各条安全事件和告警，还原威胁发生的全过程。综合审计是对外部网络访问、内部行为监视、外接设备监视的历史记录审计，可查询通过调度数据网访问到本级调控中心的安全事件、调控中心内部本地登录和远程终端、远程桌面访问的安全事件、调控中心外设接入的安全事件的历史记录。

2.3.1.5　安全核查功能。

安全核查功能包括安全配置核查和安全风险评估。设备核查以单个设备为维度，对主机的配置信息、安全漏洞及口令设置进行全面核查。任务核查以核查任务为维度，可在一次核查任务中分别对多个设备进行安全配置核查或安全风险评估，同时可以有针对性地对设备进行单个配置项的配置信息核查。

1．安全配置核查

网络安全管理系统支持对电力监控系统中的主机设备的配置信息进行核查，支持核查规则的灵活配置，具体核查内容应遵循《电力监控系统安全防护标准化管理要求》（调自〔2016〕102号）。

2．安全风险评估

支持对安全操作系统（凝思操作系统、麒麟操作系统）漏洞风险等级的评估，给出修复建议和预防措施。

2.3.2　厂站网络安全监测装置

在主站按照Ⅰ、Ⅱ、Ⅲ区分别部署网络安全监测装置，采集服务器、工作站、网络设备和安防设备自身感知的安全数据及安全事件。在变电站、并网发电厂电力监控系统的安全Ⅰ区（Ⅱ区）部署网络安全监测装置，采集变电站、并网电厂服务器、工作站、网络设备和安防设备自身感知的安全数据及网络安全事件，转发至调控机构网络安全监管平台的数据网管机。是接收并转发来自厂站的网络安全事件。在主站安全Ⅱ区部署平台，接收各类采集数据及网络安全时间，实现对网络安全事件的实时监视、集中分析和统一审计。

2.3.3　网络安全监测能力验证评估核查

网络安全监测能力验证评估核查表见表2-1。

表 2-1　　网络安全监测能力验证评估核查表

序号	核查项目	子项	核查对象	标准分	要求	核查方法	评分标准	关键项
1	平台管理			130				
1.1	基础模型（55分）	A	主站	—	应支持通过调控云同步功能将相关调度主站、厂站、业务系统、厂商、资产等模型同步至平台	在调控云平台中模拟添加、编辑各类模型信息，查看变更是否能同步至平台	存在任意一类模型无法正确同步变更信息的，记为不满足	是
		B	主站	10	应从调控云将所有相关调度和直调范围内所有厂站模型同步至平	依照调控云台账，核查所有相关调度主站和调管厂站（不含无调度数据网的厂站）是否全部同步	存在未同步的调度主站或直调厂站，每例扣2分	
		C	主站	10	应从调控云将主站侧所有业务系统同步至平台，并在同步后准确录入各业务系统的IP范围信息	（1）依照调控云台账，核查主站侧所有业务系统是否全部同步； （2）抽取10个业务系统，核查录入IP范围信息的准确性	（1）存在未同步的业务系统，每例扣2分； （2）存在业务系统IP信息不准确，每例扣1分	
		D	主站	10	应将所有相关设备厂商及其产品型号同步至平台	依照调控云台账，核查所有相关厂商及其产品型号是否全部同步	存在未同步的厂商或产品型号，每例扣2分	
		E	主站	10	应将调度主站侧所有资产同步至平台	依照调控云台账，核查主站侧所有“在运”资产是否全部同步	存在未同步的主站侧资产，每例扣0.5分	
		F	主站	5	主站侧各类资产信息应完整准确，包括区域、设备类型、所属安全区、设备名称、IP地址、设备厂商、投运日期等	参考调控云台账，在主站安全的Ⅰ、Ⅱ、Ⅲ区各抽取5台主机、2台网络设备、1套数据库、1台IDS，1台监测装置，同时抽取2台隔离装置、1台防火墙、6台纵向加密装置（卡）（含厂站侧纵向加密装置），核查信息的完整性和准确性	存在资产信息不完整或不准确，每例扣1分	

续表

序号	核查项目	子项	核查对象	标准分	要求	核查方法	评分标准	关键项
1.1	基础模型（55分）	G	主站	10	应支持调控云平台资产模型可筛选同步功能，调控云已有字段同步后不允许在平台侧编辑，并支持 IP 等模型扩展字段的添加	（1）核查调控云平台同步功能，查看是否支持模型筛选同步； （2）核查模型同步后调控云已有字段是否能够在平台侧编辑； （3）核查同步的模型是否支持增加扩展字段	（1）未实现云平台资产可筛选同步，扣5分； （2）调控云平台已有字段同步后在平台侧可编辑，扣2.5分； （3）不支持扩展字段编辑功能，扣2.5分	
1.2	平台运行（50分）	A	主站	20	平台整体可用率应≥99.95%； 平台整体可用率＝（0.25×平台运行可靠率＋0.25×数据通信可靠率＋0.25×监测装置运行可靠率＋0.25×受控设备运行可靠率）×100%	核查上月的平台整体可用率是否低于99.95%	平台整体可用率低于99.95%。每降低0.01%扣5分，低于99.95%记为不满足	是
		B	主站＋厂站	10	平台服务器、数据网关机、监测装置应进行对时，确保系统时间准确一致	核查平台所有服务器、数据网关机、I型监测装置和参加评估厂站II型监测装置时间是否与北京时间一致	存在任一台设备系统时间偏差3s以上，每例扣1分	
		C	主站	—	平台服务器、数据网关机、I型监测装置应双机配置并具备热切换能力（适用于省级以上平台）	分别抽取一台数据网关机、应用服务器、I型监测装置进行关闭，查看平台是否运行正常	平台硬件配置不符合双机设计要求或平台不具备热切换能力，记为不满足	是
		D	主站＋厂站	5	平台主站侧设备及厂站侧II型监测装置应满足可靠接地、双路独立电源供电要求	（1）查看平台主站侧组网交换机、I型监测装置是否可靠接地；主站除工作站以外的其他设备是否采用双路独立电源供电； （2）查看参加评估厂站的II型监测装置，是否可靠接地并采用双路独立电源供电	（1）存在设备不满足接地要求，每例扣1分； （2）存在设备未采用双路独立电源供电，每例扣1分	

续表

序号	核查项目	子项	核查对象	标准分	要求	核查方法	评分标准	关键项
1.2	平台运行（50分）	E	主站	5	本级平台与上下级平台之间应通过调度数据网一、二平面形成主备链路进行级联调阅	查看本机平台与上下级平台的级联调阅是否配置双链路，且两条链路应分别使用调度数据网第一平面、第二平面	（1）存在平台级联调阅未定义双链路，每例扣1分； （2）存在两条链路未使用不同平面，每例扣0.5分	
		F	厂站	5	具备双接入网的厂站，其Ⅱ型监测装置应通过2个接入网形成主备链路接入平台	抽取5个厂站的Ⅱ型监测装置，检查是否满足主备双链路接入要求	发现Ⅱ型监测装置未配置主备链路，每例扣1分	
1.3	版本管理（15分）	A	主站+厂站	5	主机 agent 应通过权威机构检测	（1）在主站侧安全Ⅰ、Ⅱ、Ⅲ区各选取2台不同型号的主机，核查主机agent开发商是否通过中国电科院检测； （2）在参加评估的厂站各选取1台主机，核查主机agent开发商是否通过中国电科院检测	存在主机 agent 开发商未通过中国电科院检测，每例扣1分	
		B	厂站	10	应支持对厂站Ⅱ型侧监测装置进行版本校验	抽选5个厂站的Ⅱ型监测装置进行版本校验	（1）平台不支持厂站侧监测装置版本校验，扣10分； （2）存在校验结果不准确或现场装置版本与通过检测版本不一致，每例扣2分	
1.4	制度资料（10分）	A	主站	—	应制订平台运行管理制度，明确日常运行相关工作内容和要求	核查是否编制平台运行管理制度或将平台运行管理要求修订纳入现有制度规范	未制订平台运行管理制度，记为不满足	是
		B	主站	10	平台相关工程建设资料应完整规范	核查平台建设相关资料是否齐全翔实，包括平台设计报告、测试报告、部署方案、运行维护手册等	存在平台工程建设资料缺失，每例扣3分	

续表

序号	核查项目	子项	核查对象	标准分	要求	核查方法	评分标准	关键项
2	采集监视			160				
2.1	资产接入（95分）	A	主站	30	调度主站侧资产接入率应达到 100%，资产接入率＝（实际接入资产数量/应接入资产数量）×100%； 调度主站侧接入资产应全部在线	（1）参考调控云平台台账或采用在线资产扫描的方式，核查调度主站侧的资产接入率。调度主站资产包括主机、网络设备、安防设备及数据库等（县调如采用Ⅰ型监测装置，地调主站资产应包括县调所有资产；县调如采用Ⅱ型监测装置，参考 2.1B 的变电站资产核查方法核查县调资产）； （2）核查调度主站资产（不含工作站）是否全部在线	（1）主站资产接入率每降低 1%扣 6 分，低于 95%记为不满足； （2）存在资产不在线，每例扣 0.5 分	是
		B	厂站	30	变电站Ⅱ型监测装置接入率应达到 100%，Ⅱ型监测装置接入率＝（实际装置接入数量/应接入装置数量）×100%，且装置应全部在线；	（1）参考调控云平台设备台账，核查变电站Ⅱ型监测装置接入率及在线情况； （2）根据变电站资产实际部署要求或采用在线资产扫描的方式，核查参加评估变电站Ⅱ型监测装置的资产接入情况，变电站侧资产接入范围应包括站控层主机、网络设备（含调度数据网接入交换机）和安防设备（不含纵向加密装置）等； （3）除参加评估变电站外，再抽取 10 个变电站（若存在采用Ⅱ型监测装置的县调，抽取 8 个变电站、2 个县调），通过平台厂站管理功能查看资产接入情况，并与变	1）变电站Ⅱ型监测装置接入率每降低 1%扣 2 分，低于 95%记为不满足； 2）存在Ⅱ型监测装置不在线，每例扣 0.5 分； 3）变电站资产接入率每降低 1%扣 1 分，低于 85%记为不满足；	是

续表

序号	核查项目	子项	核查对象	标准分	要求	核查方法	评分标准	关键项
2.1	资产接入（95分）	B	厂站	30	变电站侧资产接入率应达到100%，资产接入率＝（实际资产接入数量/应接入资产数量）×100%，接入资产应全部在线	电站网络拓扑图或典型配置中的资产进行对比； （4）综合参加评估变电站和抽选变电站计算变电站资产接入率； （5）核查参加评估变电站主机资产（不含工作站）是否全部在线	4）存在变电站接入的主机资产不在线，每例扣0.5分	是
		C	厂站	30	发电厂Ⅱ型监测装置接入率应达到100%，Ⅱ型监测装置接入率＝（实际接入数量/应接入数量）×100%，且装置应全部在线； 发电厂侧资产接入率应达到100%，资产接入率＝（实际资产接入数量/应接入资产数量）×100%，接入资产应全部在线	（1）参考调控云平台设备台账，核查发电厂Ⅱ型监测装置接入率及在线情况； （2）根据发电厂资产实际部署要求或采用在线资产扫描的方式，核查参加评估发电厂Ⅱ型监测装置的资产接入情况，发电厂资产包括电力监控系统涉网部分（网控系统NCS、水电厂监控系统、和其他接入调度数据网的系统）主机、网络设备（含调度数据网接入交换机）和安防设备（不含纵向加密装置）等； （3）除参加评估发电厂外，再抽取10个发电厂，通过平台厂站管理功能查看资产接入情况，并与发电厂网络拓扑图或典型配置中的资产进行对比； （4）综合参加评估发电厂和抽选发电厂计算发电厂资产接入率； （5）核查参加评估发电厂主机资产（不含工作站）是否全部在线	（1）发电厂Ⅱ型监测装置接入率每降低1%扣2分，低于95%记为不满足； （2）存在Ⅱ型监测装置不在线，每例扣0.5分； （3）发电厂资产接入率每降低1%扣1分，低于85%记为不满足； （4）存在发电厂接入的主机资产不在线，每例扣0.5分	是

续表

序号	核查项目	子项	核查对象	标准分	要求	核查方法	评分标准	关键项
2.1	资产接入（95分）	D	厂站	5	应完整准确录入厂站各类设备信息	通过厂站管理功能，每个参加评估厂站抽取2个资产（主机、和网络设备各1台），核查设备类型、所属安全区、设备名称、IP地址等信息录入的完整性以及准确性	存在设备信息录入不完整或不准确，每例扣1分	
2.2	平台级联（30分）	A	主站	10	应将管理范围内的下级平台全部接入（适用于省级以上平台）	核查管理范围内下级平台是否全部接入，检查下级平台是否在线	（1）存在下级平台未接入，记为不满足； （2）存在下级平台离线，每例扣3分	是
		B	主站	10	应能及时接收下级平台告警信息（适用于省级以上平台）	抽选2个下级平台，在下级平台触发一条告警，查看本级平台能否在5s内接收到对应告警信息	（1）未收到下级平台告警，每例扣5分； （2）下级告警传送超时，每例扣3分	
		C	主站	—	应接入上级管理平台	核查本级平台是否已接入上级管理平台	未接入上级平台，记为不满足	是
		D	主站	5	应能及时将本级平台的告警信息传送到上级平台	在本级平台触发一条告警，核实告警信息能否在5s内传送到上级平台	（1）告警未传送到上级平台，扣5分； （2）告警信息传送超时，扣3分	
2.3	数据调阅（40分）	A	主站	15	应稳定、可靠调阅下级平台的数据（适用于省级以上平台）	（1）抽选2个下级平台进行数据调阅； （2）在抽选的下级平台进行1次数据修改（如资产扩展字段、告警状态），查看本级平台调阅数据是否同步更新； （3）检查调阅下级平台数据响应时间是否小于5s	（1）调阅失败或调阅信息不完整，每例扣5分； （2）调阅数据未同步更新，扣5分； （3）调阅响应超时，扣5分	

续表

序号	核查项目	子项	核查对象	标准分	要求	核查方法	评分标准	关键项
2.3	数据调阅（40分）	B	厂站	25	厂站Ⅱ型监测装置应正确导入所属主站的调度数字证书，并能被调度主站稳定、可靠地调阅	（1）核查参加评估厂站的Ⅱ型监测装置是否正确导入由电力调度数字证书系统签发的证书，并进行数据调阅； （2）选取一座参加评估的厂站进行1次数据修改（如资产信息），核查平台调阅数据是否同步更新； （3）检查调阅厂站Ⅱ型监测装置数据响应时间是否小于5s	（1）存在装置未导入数字证书，每例扣4分； （2）存在证书不是由电力调度数字证书系统签发，每例扣2分； （3）调阅厂站Ⅱ型监测装置失败或调阅信息不完整，每例扣2分； （4）存在调阅数据未同步更新，扣2分； （5）调阅响应超时，扣2分	
3	安全告警			195				
3.1	用户登录（15分）	A	主站+厂站	5	应实时监视主机、网络设备、数据库、安防设备的用户登录、退出等安全事件	（1）在主站侧安全Ⅰ、Ⅱ、Ⅲ区各抽取1台主机、网络设备、数据库、安防设备进行登录、退出操作，核查平台是否正确记录用户登录、退出情况； （2）在参加评估的厂站各选取1台主机、交换机模拟登录操作，核查平台是否正确记录用户登录、退出情况	（1）无法实现对主机、网络设备、数据库、安防设备其中任一类别设备的用户登录、退出行为的监视，记为不满足； （2）存在日志信息缺失、有误或不完整，每例扣1分	是
		B	主站	5	应实现以主机为对象对主机登录链路的监视	在主站侧安全Ⅰ、Ⅱ、Ⅲ区各选取1台主机，分别使用SSH登录、本地登录和X11登录方式登录主机，核查所对应的链路情况，是否能够实时监视登录用户、登录方式、操作信息、登录链路等信息	（1）无法实现对SSH登录、本地登录、X11登录其中任一项监视功能，扣3分； （2）存在登录用户、登录方式、操作信息、登录链路等信息有误或不完整，每例扣1分	

续表

序号	核查项目	子项	核查对象	标准分	要求	核查方法	评分标准	关键项
3.1	用户登录（15分）	C	主站	5	应实现以人员账号为对象对操作人员登录过程的监视	在主站侧安全Ⅰ、Ⅱ、Ⅲ区各选择1台主机，指定某一用户分别使用SSH登录、本地登录和X11登录方式登录主机，核查指定用户所对应的登录情况，是否能够实时监视登录用户、登录方式、操作信息等信息	（1）无法实现对人员登录过程的监视功能，扣3分； （2）存在登录用户、登录方式、操作信息等信息有误或不完整，每例扣1分	
3.2	外设接入（20分）	A	主站＋厂站	10	应实时记录主机USB设备接入、光盘载入等安全事件并告警	在主站侧安全Ⅰ、Ⅱ、Ⅲ区各选取1台主机，参加评估的厂站各选取1台主机，通过接入USB设备或载入光盘，核查平台是否正确记录USB设备接入或光盘载入情况并告警	（1）无法实现对主机USB设备接入、光盘载入任意一项的监视，记为不满足； （2）存在告警信息缺失、有误或不完整，每例扣1分	是
		B	主站＋厂站	10	应实时监视交换机网口接入安全事件并告警	在主站侧安全Ⅰ、Ⅱ、Ⅲ区和参加评估的厂站各选取1台测试交换机，模拟设备接入行为，核查平台是否正确记录交换机网口接入情况并告警	（1）无法实现对交换机网口接入的监视，记为不满足； （2）存在告警信息缺失、有误或不完整，每例扣2分	是
3.3	网络访问（20分）	A	主站	10	应实时监视通过调度数据网登录到本级调控中心的安全事件	选择1座参评厂站模拟通过调度数据网登录本级调控中心通信网关机，并执行一些操作指令，核查平台是否能够正确记录访问节点、访问路径及操作指令等相关信息	（1）无法生成相应的告警信息，扣10分； （2）访问节点、访问路径及操作指令等信息记录缺失、有误或不完整，扣5分	

续表

序号	核查项目	子项	核查对象	标准分	要求	核查方法	评分标准	关键项
3.3	网络访问（20分）	B	主站+厂站	5	应实时监视违反主机白名单配置的违规访问的安全事件并告警	在主站侧安全Ⅰ、Ⅱ、Ⅲ区和参加评估的厂站分别选取1台主机，在安全可控范围内，依据主机配置的白名单规则，执行相应的违规网络访问，核查平台是否能够正确记录违规网络访问情况并告警	（1）无法实现对违规网络访问的监视，记为不满足； （2）存在平台告警信息缺失、有误或不完整，每例扣1分	是
		C	主站+厂站	5	主机的白名单规则应合理配置	（1）在主站侧安全Ⅰ、Ⅱ、Ⅲ区各选取2台不同型号的主机，查看主机上agent的白名单规则是否满足最小化要求； （2）抽取5个厂站，每个厂站选取1台主机，通过平台厂站管理功能查看主机上agent的白名单规则是否满足最小化要求	（1）存在主机未配置白名单规则，每例扣2分； （2）存在主机白名单规则不满足最小化要求，每例扣1分	
3.4	可疑操作（35分）	A	主站+厂站	10	应实时监视主机关键目录、文件篡改行为的安全事件并告警	在主站侧安全Ⅰ、Ⅱ、Ⅲ区和参加评估的厂站分别选取1台主机，在安全可控范围内，改变关键目录、文件，核查平台是否能够正确记录对应操作情况并告警	（1）无法实现对主机关键目录、文件篡改行为的记录，记为不满足； （2）存在平台告警信息缺失、有误或不完整，每例扣1分	是
		B	主站+厂站	5	主机关键目录、文件应合理配置	（1）在主站侧安全Ⅰ、Ⅱ、Ⅲ区各选取2台不同型号的主机，核查主机agent的关键目录、文件的配置情况； （2）抽取5个厂站，每个厂站选取1台主机，通过平台厂站管理功能核查主机agent的关键目录、文件的配置情况 （注：关键目录、文件应结合操作系统和应用程序情况配置）	（1）存在主机未配置关键目录、文件，每例扣2分； （2）存在主机关键目录、文件配置不合理，每例扣1分	

续表

序号	核查项目	子项	核查对象	标准分	要求	核查方法	评分标准	关键项
3.4	可疑操作（35分）	C	主站+厂站	5	主机危险操作命令配置应细化至“命令+参数”，并支持正则表达式	（1）在主站侧安全Ⅰ、Ⅱ、Ⅲ区各选取1台主机，核查平台是否针对上述主机合理配置危险命令； （2）抽取5个厂站，每个厂站选取1台主机，通过平台厂站管理功能核查是否合理配置危险命令	（1）存在主机未配置危险操作命令，每例扣2分； （2）存在主站侧主机危险操作命令配置未细化至“命令+参数”或不支持正则表达式，每例扣1分	
		D	主站+厂站	10	应实时监视主机执行危险操作命令的安全事件	在主站侧安全Ⅰ、Ⅱ、Ⅲ区和参加评估的厂站分别选取1台主机，在安全可控范围内，依据配置的主机危险操作命令，执行相应的操作命令，核查平台是否能够正确记录危险操作命令执行情况并告警	（1）无法实现对主机危险操作命令的记录，记为不满足； （2）存在平台告警信息缺失、有误或不完整，每例扣1分	是
		E	主站+厂站	5	应实时监视数据库、网络设备、专用安防设备的配置变更安全事件	在主站侧的安全Ⅰ、Ⅱ、Ⅲ区各抽取1台数据库、交换机和纵向加密装置（卡）分别模拟配置变更，核查平台是否能够正确记录配置变更日志； 在参加评估的厂站分别抽取1台交换机模拟配置变更，核查平台是否能够正确记录配置变更日志	（1）无法实现对数据库、网络设备和专用安防设备任意一类配置变更的记录，记为不满足； （2）存在配置变更告警信息缺失、有误或不完整，每例扣1分	是
3.5	安防设备监视（20分）	A	主站	20	应实时监视正向隔离装置、反向隔离装置、纵向加密装置、防火墙、IDS发现的安全事件	在主站侧选取正向隔离装置、反向隔离装置、纵向加密装置、防火墙、IDS各1台，核查设备最近3条告警信息是否送达平台且内容一致	（1）无法实现正向隔离装置、反向隔离装置、纵向加密装置任意一类设备的告警接入，记为不满足； （2）存在防火墙或IDS的告警未接入，每例扣5分； （3）存在告警信息缺失、有误或不完整，每例扣1分	是

续表

序号	核查项目	子项	核查对象	标准分	要求	核查方法	评分标准	关键项
3.6	告警智能分析（15分）	A	主站+厂站	15	应支持综合受控资产日志和安防设备原始告警信息智能生成高阶攻击告警	在主站侧安全Ⅱ、Ⅲ区和1座参评厂站Ⅱ区接入测试设备，在可控范围内，模拟开展存活IP扫描、单个IP开放端口扫描、登陆口令爆破，核查平台能否综合多条原始日志准确生成IP扫描、端口扫描和口令爆破等高阶告警	无法将多条原始告警综合形成一条相应的高阶告警，每例扣5分	
3.7	可信验证监视（15分）	A	主站	10	应能接入所有可信验证模块信息，可信验证状态应均为可信	（1）参考可信验证管理系统，主站侧安全Ⅰ、Ⅱ、Ⅲ区已部署可信验证模块主机的可信功能应全部接入平台； （2）核查平台中可信验证节点的可信状态	（1）存在可信验证模块未接入，每例扣1分； （2）存在可信验证节点的可信状态为“离线”，每例扣0.5分	
		B	主站	5	应实时监视可信验证节点的验证失败告警	在主站侧安全Ⅰ、Ⅱ区各抽取1台可信验证节点，分别触发1条可信验证失败、可信策略变更告警，核查平台告警生成情况	（1）无法实现可信验证告警的接入，扣5分； （2）存在平台告警信息缺失、有误或不完整，每例扣1分	
3.8	恶意代码监测（20分）	A	主站	10	应能接入安全Ⅰ区、Ⅱ区的所有防恶意代码客户端，客户端应均在线	（1）参考防恶意代码客户端管理模块，调度主站侧安全Ⅰ、Ⅱ区恶意代码客户端应全部接入； （2）平台恶意代码客户端状态应全部在线	（1）存在防恶意代码客户端未接入，每例扣1分； （2）存在防恶意代码客户端不在线，每例扣0.5分	

续表

序号	核查项目	子项	核查对象	标准分	要求	核查方法	评分标准	关键项
3.8	恶意代码监测（20分）	B	主站	5	应实时监视恶意代码监测系统的恶意代码告警	在可控范围内，抽取调度主站侧安全Ⅰ、Ⅱ、Ⅲ区各1台部署了防恶意代码客户端的主机，并植入测试恶意代码文件，触发客户端的查杀扫描功能，查验平台是否能实时监测到恶意代码告警	（1）无法实现恶意代码告警的接入，扣5分； （2）存在恶意代码告警信息缺失、有误或不完整，每例扣1分	
		C	主站	5	应能对防恶意代码客户端进行管理	在主站侧安全Ⅱ区抽取1台部署防恶意代码客户端的主机： （1）下发全盘扫描命令，客户端应能正常启动扫描作业； （2）下发威胁清除命令，验证客户端主机上的病毒文件是否被删除； （3）下发白名单配置命令，验证客户端白名单设置是否生效； （4）下发客户端版本升级命令，客户端应能完成版本升级； （5）下发恶意代码库版本升级命令，客户端病毒库应能完成版本升级	存在管理功能点无法实现，每例扣1分	
3.9	安全运维网关监视（20分）	A	主站	10	应接入主站侧所有安全运维网关，安全运维网关应均在线	（1）参考网络拓扑图或调控云台账等资料，核查主站侧安全Ⅰ、Ⅱ、Ⅲ区安全运维网关是否全部接入； （2）核查安全运维网关是否全部在线	（1）存在未接入的安全运维网关，每例扣3分； （2）存在安全运维网关不在线，每例扣2分	

续表

序号	核查项目	子项	核查对象	标准分	要求	核查方法	评分标准	关键项
3.9	安全运维网关监视（20分）	B	主站	5	应能完整准确采集安全运维网关上的运维会话信息	在主站侧安全Ⅰ、Ⅱ、Ⅲ区各抽取1台安全运维网关，分别在其1台托管资产上进行登录、操作和退出，核查平台是否完整准确采集到相应会话日志信息	（1）无法实现运维会话信息采集，扣5分； （2）存在会话信息缺失、有误或不完整，每例扣2分	
		C	主站	5	应实时监视安全运维网关上的高风险操作命令告警	在主站侧安全Ⅰ、Ⅱ、Ⅲ区各抽取1台安全运维网关，分别在其1台托管资产上执行可控的高风险操作命令，核查平台是否接收到运维网关上送的告警	（1）无法实现高风险操作命令告警的接入，扣5分； （2）存在告警信息缺失、有误或不完整，每例扣3分	
3.10	告警质量（15分）	A	主站+厂站	5	应保证告警信息时标的准确性	在主站侧安全Ⅰ、Ⅱ、Ⅲ区和参加评估的厂站分别选取1台主机，在可控范围内主动触发1条一般告警信息，并核查该告警信息时标是否与标准时间一致	存在告警信息时标偏差3s以上，每例扣0.5分	
		B	主站+厂站	5	应保证告警上送的及时性	结合3.1至3.8中主动触发的所有告警，核查安全Ⅰ、Ⅱ区告警信息上送时间是否超过3s，安全Ⅲ区告警信息上送时间是否超过5s	存在告警信息上送时间超时，每例扣0.5分	
		C	主站	5	应支持以语音和短信等方式展现告警信息	查看是否存在语音和短信等告警展现方式	每不支持其中一种方式展现告警信息，扣2.5分	
3.11	告警留存	A	主站	—	告警信息留存时间应满足法规要求	检查告警保存时间是否不少于6个月	告警留存时间不足，记为不满足	是

续表

序号	核查项目	子项	核查对象	标准分	要求	核查方法	评分标准	关键项
4	核查评估			70				
4.1	安全核查（30分）	A	主站＋厂站	25	应通过安全核查功能及时发现和整改不合规问题	在主站安全Ⅰ、Ⅱ区抽取主机、网络设备、纵向加密装置（卡）各5台，在参加评估的厂站各抽取主机1台，进行安全配置核查，检查是否存在不合规项	（1）存在设备核查失败，每例扣2分； （2）核查结果存在未采取防护措施的不合规项，每例扣1分	
		B	主站＋厂站	5	应按月定期对接入的主站侧设备、厂站端纵向加密装置进行安全配置核查	（1）检查平台近3个月核查记录，是否满足至少每月核查一次的要求； （2）检查每次核查范围是否包括已录入的所有可核查资产	（1）缺少月度核查记录，每例扣2分； （2）核查记录中核查对象不完整，每例扣1分	
4.2	主机风险评估（30分）	A	主站	25	应通过风险评估功能及时发现和修复安全漏洞	在主站侧安全Ⅰ、Ⅱ区各抽取5台主机，进行主机风险评估，检查是否存在高危漏洞	（1）存在设备风险评估失败，每例扣2分； （2）评估结果存在未采取防护措施的高危漏洞，每例扣2分	
		B	主站	5	应按月定期对接入的主站侧资产进行风险评估	（1）检查平台近3个月风险评估记录，是否满足至少每月评估一次的要求； （2）检查每次评估范围是否包括已录入的所有可评估资产	（1）缺少月度风险评估记录，每例扣2分； （2）风险评估记录中评估对象不完整，每例扣1分	

续表

序号	核查项目	子项	核查对象	标准分	要求	核查方法	评分标准	关键项
4.3	特征库维护（10分）	A	主站	5	安全核查的核查项应及时进行更新	检查平台核查项是否为最新版本	核查项不是最新版本，扣5分	
		B	主站	5	风险评估的漏洞库应及时进行更新	检查平台漏洞库是否为最新版本	漏洞库不是最新版本，扣5分	
5	响应处置			145				
5.1	值班机制（40分）	A	主站	—	应建立7x24h运行监控值班机制，实时监视处置网络安全风险	核查实时运行监视机制的建立情况	未建立7×24h运行监控值班机制，记为不满足	是
		B	主站	20	值班人员配置应齐全	核查值班人员配备是否满足运行值班要求	值班人员配备不满足值班要求，每少配备1人扣5分	
		C	主站	10	值班人员应通过专项培训与考核，考试合格并签订保密协议后方可上岗	核查值班人员岗前培训、考试记录、保密协议	（1）值班人员未参与岗前培训，每例扣2分； （2）值班员未通过上岗考试，每例扣2分； （3）值班员未签订保密协议，每例扣2分	
		D	主站	10	值班日志记录应规范、完整，内容应包括值班员、值班期间工作情况和交接班情况等	核查近7天值班日志，查看记录是否规范、完整，是否记录值班员名称、值班开始时间、值班结束时间、值班期间设备运行情况、告警确认和消缺情况等	存在单值的值班日志记录不规范、不完整，每例扣1分	

续表

序号	核查项目	子项	核查对象	标准分	要求	核查方法	评分标准	关键项
5.2	账号管理（10分）	A	主站	5	应在平台中配置系统管理员、审计管理员、安全管理员、一般用户等不同角色，并对不同类型用户分配相应角色，禁止存在特权或超级用户	核查人员角色以及权限划分是否合理，是否存在特权或超级用户	（1）未配置系统管理员、审计管理员、安全管理员、普通用户等角色，或角色权限划分不合理，扣3分； （2）存在特权或超级用户，扣2分	
		B	主站	5	不同值班人员应配置独立账户，离岗人员账户应及时注销，不存在共享账户和多余账户	核查是否为每位值班人员配置独立账户，核查多余账户是否及时注销	存在值班人员账号共用或多余账号未注销情况，扣5分	
5.3	人员能力（40分）	A	主站	10	值班人员应熟悉使用平台功能操作，具备基础安防设备的配置、维护能力	现场指定2项重要业务操作（如告警处置、资产管理、核查评估、纵向加密策略配置修改、防火墙策略配置修改等），考察值班人员是否能熟练完成指定的业务操作	值班人员不能熟练完成指定业务操作，扣10分	
		B	主站	20	值班人员应能快速发现和处置用户异常登录、外设接入、网络异常访问和可疑操作等安全事件	结合3.1A、3.2A、3.2B、3.3B和3.4A核查项，每项选取其中一次触发的安全事件，考察值班人员能否在15min之内定位事件并进行响应处置	值班人员无法完成事件处置，每例扣4分	
		C	主站	10	值班人员应能快速发现和处置恶意代码事件	参考3.7B触发恶意代码相关事件，考察值班人员能否在15min之内定位并查杀恶意代码	值班人员无法完成事件处置，扣10分	

续表

序号	核查项目	子项	核查对象	标准分	要求	核查方法	评分标准	关键项
5.4	告警处置（30分）	A	主站	10	重要及以上告警解决率应满足要求	查看平台近7天告警解决率是否高于85%，7天告警解决率＝（7天内处置的重要和紧急告警数/7天内新发生的重要和紧急告警总数）×100%	7天告警解决率低于85%，每降低1%扣2分	
		B	主站	5	所有级别告警应立即确认	从平台近三个月告警中抽选30条告警（紧急、重要、一般各10条，高级别告警数量不足的，由次级告警递补），确认告警开始时间与告警确认时间相隔是否小于5min	存在告警确认时间超过5min的，每例扣0.5分	
		C	主站	10	紧急和重要告警应在规定时间内完成处理	从平台近三个月告警中抽选20条告警（紧急、重要各10条，高级别告警数量不足的，由次级告警递补），确认告警是否在规定时间内（主站侧紧急告警30min、厂站侧紧急告警90min、重要告警24h）处理	（1）存在紧急告警处理时间超时，每例扣1分； （2）存在重要告警处理时间超时，每例扣0.5分	
		D	主站＋厂站	5	重复的无意义告警应及时处置	查看平台7天内重要及以上级别告警，统计因配置不当等非网络安全事件产生的重复告警，占比应低于10%，7天重复告警占比＝（7天内新发生的重复告警数/7天内新发生的告警总数）×100%	重复告警占比大于10%，每增加1%扣1分	

续表

序号	核查项目	子项	核查对象	标准分	要求	核查方法	评分标准	关键项
5.5	日志审计（10分）	A	主站	5	日志审计记录应完备	结合本表3.1～3.4中的用户登录、外设接入、网络连接和可疑操作等功能验证过程，查看审计记录与验证操作的一致性	存在审计记录缺失，每例扣1分	
		B	主站	—	审计记录保存时间应符合要求	核查平台所包含的行为审计、接入审计、设备离线审计、设备运维审计、综合审计等各类型的审计记录保存时间，是否满足至少6个月的时效要求	审计记录保存时间低于6个月，记为不满足	是
5.6	报表应用（20分）	A	主站	5	应依据平台运行告警情况每月定期生成平台安全报表	查看近3个月内平台安全报表	缺失任意一个月的安全报表，扣5分	
		B	主站	5	应使用运维审计报表辅助生成功能每月定期编制审计报告	查看近3个月审计报告编制记录	缺失任意一个月的审计报告，扣5分	
		C	主站	10	应支持报表的快速生成和高效查看	（1）现场生成上月平台安全报表和运维审计报表，检查生成时间是否小于30s； （2）现场查看上月安全报表和运维审计报表，检查响应时间应小于3s	（1）报表生成超时，每例扣5分； （2）报表查看超时，每例扣2分	

2.4 通用安全防护

2.4.1 设备安全加固

设备安全加固主要是指正反向隔离装置、防火墙、纵向加密认证装置等安全防护设备的加固；调度数据网、通信网、局域网等网络设备的加固；智能电网调度控制系统、配电自动化系统、调度管理系统等主机安全加固；通信网管等专用系统主机安全加固。

2.4.2 应用安全加固

应用安全加固是操作系统、数据库、应用进行的加固。包括安装主机加固软件。主机安全防护主要的方式包括：安全配置、安全补丁、采用专用的软件强化操作系统访问控制能力，以及配置安全的应用程序。关闭空闲的硬件端口，关闭生产控制大区禁用的通用网络服务。

2.4.3 端口安全

实施网络端口绑定；关闭交换机所有未使用的端口；禁止未使用的USB口采用安全管理软件禁用未授权的USB设备；禁止未使用的串口；机柜关闭、上锁。

2.4.4 移动介质安全

使用移动介质管理系统；使用专用认证过的移动介质，禁止自带未经许可的移动介质在内网使用；移动介质在使用前进行病毒检查；禁用或撤除光驱；

2.4.5 调试设备安全

专人负责调试设备管理；使用专用调试设备，禁止自带未经许可的调试设备在内网使用。

2.4.6 防病毒软件

定期检查各系统（包括新系统）计算机防病毒软件运行情况；应对病毒库、木马库以及入侵检测系统（IDS）规则库定期离线进行更新；定期分析入侵检测系统记录，防止恶意代码的攻击。

2.4.7 权限管理

各系统应有专人负责权限、密码管理，重点加强内部人员的保密教育、录用离岗等的管理，并定期组织安全防护专业人员技术培训。应对厂家现场服务人员进行网络安全教育，签订安全承诺书，严格控制其工作范围和操作权限；各类主机、网络设备、安防设备、操作系统、应用系统、数据库等应采用强口令，并删除缺省账户使用强口令，定期更换密码；安全区Ⅰ工作站使用无人root模式登录；强制进行权限分配，保证对系统的资源（包括数据与进程）的访问符合定义的主机安全策略，防止主机权限被滥用；应对用户登录本地操作系统、访问系统资源等操作进行身份认证，根据身份与权限进行访问控制，并且对操作行为进行安全审计。应建立责权匹配的用户权限划分机制，落实用户实名制和身份认证措施；设置为最小化原则，采取白名单方式对安全防护设备的策略进行合理配置。

2.4.8 数据备份

专人负责数据备份；明确各自动画系统数据备份策略和时间；规定备份磁盘（介质）存放的地点；定期进行恢复性试验，确保备份功能和备份数据的可用性。

2.5 电力监控系统等级保护及安全评估

2.5.1 工作分工

2.5.1.1 电网企业各级调控机构负责管辖范围内电力监控系统等级保护及安全防护评估的归口管理，具体包括如下内容。

（1）组织落实国家及行业有关电力监控系统等级保护和安全防护评估的政策法规和标准规范，制订电力监控系统等级保护及安全防护评估的管理制度。

（2）组织开展公司电力监控系统等级保护、安全防护评估和整改治理等工作。

（3）负责调管范围内电网调度控制系统、变电站监控系统等级保护及安全防护评估的安全管理。

（4）负责配电自动化、负荷控制等其他电力监控系统等级保护及安全防护评估的技术管理以及建设实施方案的审查。

（5）负责调管范围内并网发电厂涉网部分的电力监控系统等级保护及安全防护评估的技术监督管理。

（6）负责组织公司电力监控系统等级保护和安全防护评估工作的监督检查、评价总结等工作。

2.5.1.2　运检、营销、信通等部门分别负责组织本专业管理范围内的配电自动化、负荷控制等系统的等级保护及安全防护评估工作，具体包括如下内容。

（1）负责组织专业管理范围内电力监控系统等级保护及安全防护评估相关的建设管理，并落实国家、行业和公司相关要求。

（2）负责专业管理范围内电力监控系统定级备案、等保测评、安全评估、整改治理的实施管理。

（3）负责开展专业管理范围内电力监控系统等级保护和安全防护评估工作情况的统计、检查和评价。

（4）配合等级保护归口管理部门组织开展专业管理范围内电力监控系统等级保护相关监督检查工作。

2.5.1.3　国家电网有限公司运行分公司、国家电网有限公司信息通信分公司，以及各省地检修机构、信通公司负责实施管辖范围内变电站监控系统的等级保护及安全防护评估工作，具体包括如下内容。

（1）负责落实运营范围内电力监控系统的等级保护和安全防护评估相关的网络安全责任。

（2）负责开展运营范围内电力监控系统的等级保护和安全防护评估工作。

（3）负责开展运营范围内电力监控系统等级保护和安全防护评估的问题整改治理工作。

2.5.2　定级备案

2.5.2.1　根据《电力行业信息安全等级评估管理办法》的规定，电力监控系统的安全保护等级分为四级。

（1）第一级，电力监控系统受到破坏后，会对公民、法人和其他组织的合法权益造成损害，但不损害国家安全、社会秩序和公共利益。

（2）第二级，电力监控系统受到破坏后，会对公民、法人和其他组织的合法权益产生严重损害，或者对社会秩序和公共利益造成损害，但不损害国家安全。

（3）第三级，电力监控系统受到破坏后，会对社会秩序和公共利益造成严重损害，或者对国家安全造成损害。

（4）第四级，电力监控系统受到破坏后，会对社会秩序和公共利益造成特别严重损害，或者对国家安全造成严重损害。

2.5.2.2 公司电力监控系统运营、使用单位应依据 GB/T 22240—2008《信息安全技术信息系统安全等级保护定级指南》和《电力行业信息系统安全等级保护定级工作指导意见》的要求，规范开展电力监控系统的定级备案工作。

（1）省级及以上调控机构的电网调度控制系统的实时监控与预警功能模块的安全保护等级定为四级，调度计划与安全校核功能模块的安全保护等级定为三级，调度管理功能模块的安全保护等级定为二级。地级及以下调控中心的电网调度控制系统的实时监控与预警功能模块的安全保护等级定为三级。独立建设的备调系统可参照同级主调系统进行定级备案。

（2）配电自动化系统、负荷控制系统的安全保护等级定为三级。

（3）公司系统的变电站监控系统作为调度自动化系统子站部分，不作为独立系统定级备案。220kV 及以上变电站监控系统（含开关站、换流站、集控站等）按等级保护三级进行保护，110kV 及以下按等级保护二级进行保护。

（4）单机容量 300MW 及以上的火电厂监控系统 DCS（含辅机控制系统）的安全保护等级定为三级，以下定为二级；总装机 1000MW 及以上的水电厂监控系统的安全保护等级定为三级，以下定为二级；总装机容量 200MW 及以上的风电场、光伏电站监控系统的安全保护等级定为三级，以下定为二级；核电站监控系统 DCS（含辅机控制系统）的安全保护等级定为三级。

2.5.2.3 公司系统的变电站监控系统原则上由直接调度管辖的调控机构负

责将其纳入电网调度控制系统进行定级备案。多家调控机构共同调管的变电站，由最高一级调控机构或由其委托的调控机构负责。

2.5.2.4　公司系统外的其他产权的并网变电站监控系统的定级备案工作由产权方负责。

2.5.2.5　并网发电厂电力监控系统的定级备案由相应发电厂组织开展。

2.5.2.6　在电力监控系统建设或者改建过程中，应选择使用符合国家规定、满足等级保护要求的技术产品，同步建设符合规定等级要求的网络安全设施。

2.5.2.7　新建或改建电力监控系统，应按照国家及行业相关要求及时到市级以上公安机关办理备案手续；系统退役后，应按照国家及行业相关要求及时办理备案撤销手续。

2.5.3　等保测评

2.5.3.1　电力监控系统建设完成后，电力监控系统各运营单位应依据国家及行业相关标准规范要求，按照规定的周期委托有资质的测评机构开展电力监控系统等级保护测评工作。当系统发生重大升级、等级变化、系统变更或迁移后需重新进行测评。

2.5.3.2　组织等保测评时，应选择国家信息安全等级保护工作协调小组办公室推荐的、安全可控的测评机构。对于第三级系统，应优先选择电力行业等级保护测评机构或具备 3 年以上电力监控系统安全服务经验的测评机构开展测评；对于第四级系统，应选择电力行业等级保护测评机构且具备 5 年以上电力监控系统安全服务经验的测评机构开展测评。

2.5.3.3　电力监控系统运营单位应当定期对电力监控系统安全状况、安全保护制度及措施的落实情况进行自查。第二级电力监控系统应当每两年至少进行一次自查，第三级电力监控系统应当每年至少进行一次自查，第四级电力监控系统应当每半年至少进行一次自查。

2.5.3.4　电力监控系统经测评或者自查确认未达到安全保护等级要求的，运营、使用单位应当制订方案进行整改。

2.5.3.5　公司范围内的电力监控系统完成等级保护测评后，相关单位应将电力监控系统等级保护测评情况报送同级调控机构和上级专业主管部门。

2.5.4 安全防护评估

2.5.4.1 各单位应按照《电力监控系统安全防护总体方案等安全防护方案和评估规范》（国能安全〔2015〕36号）等文件要求，在电力监控系统的建设改造、运行维护和废弃阶段开展安全防护评估工作。

2.5.4.2 对于第三、第四级电力监控系统，应结合等级保护测评工作委托测评机构同步开展安全防护评估，评估周期最长不超过三年。单个评估周期内，电力监控系统运营单位应每年组织开展一次自评估工作。

2.5.4.3 对于第二级电力监控系统，应定期开展安全评估工作。评估方式一般采用自评估，评估周期最长不超过两年，也可根据需要委托专业机构进行评估。

2.5.4.4 电力监控系统在正式投运前，其运营单位应核查系统供应商提供的型式安全评估报告。

2.5.4.5 第三、第四级电力监控系统投运前或发生重大变更时，应由其建设或技改实施单位负责组织开展上线评估工作，具体实施可委托专业评估机构进行；第二级电力监控系统上线安全评估可按要求自行组织开展。

2.5.4.6 各单位在开展安全评估工作前，应根据确定的评估范围，对评估过程中可能引入的安全风险进行分析，编制应急预案并落实相关安全措施。

2.5.4.7 公司范围内的电力监控系统完成安全评估工作后，应将电力监控系统安全评估结论报同级调控机构和上级专业管理部门。

2.5.5 闭环管理

2.5.5.1 电力监控系统各运营单位应根据等级保护测评及安全评估结果制订相应整改计划，明确整改的目标、项目、进度和责任人。

2.5.5.2 各单位应根据评估发现问题的严重程度，制订科学合理的整改方案。

（1）对于严重问题，应立即制订方案进行整改。

（2）对一般性问题（涉及配置策略调整、特征库更新、补丁安装、版本升级等问题），应限期进行整改。

（3）对于需涉及立项、采购设备、部署系统等的整改，应明确整改计划，并落实过渡期间的安全防护措施。

（4）对具有普遍性或关键性的重大问题，应组织开展技术攻关，研究制订整改方案。

2.5.5.3　各单位要强化评估发现问题整改的闭环管理，整改完成后应及时进行验收总结，确保整改彻底到位。各单位要加强等保测评及安全评估工作的保密管理，实施前应签署保密协议，确保评估机构及其实施人员安全可靠，保证评估过程中产生或接触的所有信息得到有效保护。

2.5.5.4　未经公司授权许可，禁止测评机构及其人员向任何第三方泄露等保测评及安全评估中知悉的公司商业秘密、系统信息、防护策略、风险隐患、个人隐私等敏感信息，不得利用测评过程中知悉的信息或漏洞对公司系统内任何单位进行探测和入侵。

2.5.6　保障监督

2.5.6.1　各单位应根据电力监控系统等级保护要求，统筹制订下一年度等级保护及安全评估工作计划，保障相关资金列入年度生产费用，确保电力监控系统等级保护测评及安全评估工作顺利开展。

2.5.6.2　各级调控机构要认真履行指导、检查和监督职责，督促管辖范围内相关单位做好电力监控系统等级保护及安全评估工作。

2.5.6.3　各级调控机构要加强并网电厂涉网安全防护的技术监督，督促等级保护及安全评估的有效实施。

第3章　调度自动化主站运维和检修安全要求

本章重点介绍了调度自动化主站运维和检修安全要求。依据《国家电网公司电力安全工作规程（电力监控部分）》，结合现场工作实际，介绍了调度自动化主站运维、状态检查、容灾与备份、外来人员安全管理、检修管理几个方面介绍了现场安全管控具体要求，并介绍了电力监控系统作业“十禁止”相关内容。

3.1　调度自动化主站运维工作

3.1.1　电力监控系统的运行

3.1.1.1　巡视时不得改变电力监控系统和机房动力环境设备的运行状态。发现异常问题时，应立即报告电力监控系统运维单位。

3.1.1.2　电力监控系统的配置文件、业务数据等应定期备份，备份的数据宜定期进行验证。

3.1.1.3　业务数据的导入导出应经业务主管部门批准，导出后的数据应妥善保管。

3.1.1.4　电力监控系统账号的密码应满足口令强度要求。

1．下列情况应及时修改系统管理员密码

（1）系统投运前。

（2）操作系统或业务系统遭到非法入侵。

（3）系统管理人员变化。

（4）系统管理账号、密码泄露。

2．下列情况应及时修改数据库管理员密码

（1）数据库投运前。

（2）数据库系统或相关的应用系统遭到非法入侵时。

（3）数据库管理员变化。

（4）数据库管理员密码泄露。

（5）清扫电力监控系统运行设备应使用绝缘工具，并防止振动和误碰。

（6）运行中发现危及电力监控系统和数据安全的紧急情况时，应采取紧急措施，并立即报告。

3.1.2 网络及安全设备上的工作

3.1.2.1 网络与安全设备停运、断网、重启操作前，应确认该设备所承载的业务可停用或已转移。

3.1.2.2 网络与安全设备配置变更工作前，应备份设备配置参数。更改配置时，存在冗余设备的，应先在备用设备上修改和调试，经测试无误后，再在其他设备上修改和调试，并核对主备机参数的一致性。工作结束前，应验证网络与安全设备上承载业务运行正常。

3.1.2.3 在安全设备进行工作时，严禁绕过安全设备将网络直连。

3.1.2.4 网络和安防设备配置协议及策略应遵循最小化原则。

3.1.3 主机与存储设备上工作

3.1.3.1 在主机与存储设备工作前，应备份设备的业务系统软件、业务数据、配置参数等。

3.1.3.2 新增、更换非热插拔部件前，应核对设备型号、参数。

3.1.3.3 升级操作系统版本前，应确认其兼容性及对业务系统的影响。

3.1.3.4 杀毒软件进行更新和升级时，应确保不影响操作系统及业务系统的功能。

3.1.3.5 主机更换硬件、升级软件、变更配置文件时，存在冗余设备的，应先在备用设备上修改和调试，经测试无误后，再在其他设备上修改和调试，并核对主备机参数的一致性。工作结束前，应验证主机设备上承载的业务系统运行正常。

3.1.3.6　存储设备更换硬件、扩充容量、升级软件、变更参数等工作开始前，应确认所承载业务可停用或已转移。工作结束前，应验证存储设备上承载的业务系统运行正常。

3.1.3.7　通过控制台或远程终端进行作业时，应输入账号和密码，禁止使用互信登录、保存密码等方式免密登录。

3.1.4　在数据库上工作

3.1.4.1　数据库的主机操作系统中应设置管理本地数据库的专用账号，并仅赋予该账号号启停数据库服务的权限。

3.1.4.2　数据库应设置、开启用户连接数限制。数据库用户变更后，应取消相应的数据库账号权限。

3.1.4.3　数据库版本升级前应测试数据库与操作系统和业务系统间的兼容性。

3.1.4.4　数据库升级和配置变更前，应备份数据文件、日志文件、控制文件和配置文件。

3.1.4.5　停运或重启数据库前，应确认所承载的业务可停用或已转移。

3.1.4.6　在数据库上工作结束前，应验证相关的业务系统运行正常。

3.1.5　在业务系统上工作

3.1.5.1　业务系统升级或更改配置前，宜进行功能、性能、安全、兼容等方面的测试及验证。

3.1.5.2　业务系统升级或配置更改后，应验证业务系统运行正常。

3.1.5.3　含控制功能的业务系统，应在完成主站系统、子站设备联调后，方可投入运行。

3.1.5.4　具备自动下发控制功能的业务系统检修过程中，禁止更改前置链路配置。

3.1.5.5　业务系统下线后，所有业务数据应妥善保存或销毁。

3.1.6 在不间断电源上工作

3.1.6.1 一般规定。

（1）新增负载前，应核查电源负载能力。

（2）拆接负载电缆前，应断开电源输出开关。

（3）直流电缆接线前，应做线缆两端极性校验。

（4）裸露电缆线头应做绝缘处理。

3.1.6.2 不间断电源设备上工作。

不间断电源设备断电检修前，应先确认负荷已经转移或关闭。

配置旁路检修开关的不间断电源设备检修时，应严格执行停机及断电顺序。

3.1.6.3 在蓄电池上工作。

直流开关或熔断器未断开前，不得断开蓄电池之间的连接。

拆除蓄电池连接铜排或线缆应使用经绝缘处理的工器具。

蓄电池组接入电源前，应确认蓄电池组电压与整流器输出电压匹配。

3.1.7 在电量采集主站系统上工作

3.1.7.1 更换硬件、升级软件、变更信息电表及配置文件时，应备份原软件版本、配置文件及参数、信息点表。更新完成时，检查无误后应重新备份并记录变更信息。

3.1.7.2 电能量采集装置上的工作结束前，应验证电表数据、电能量采集装置数据、电能量计量系统主站数据三者的一致性。

3.1.8 在时间同步装置上工作

3.1.8.1 在时间同步装置更换硬件、升级软件时，应将本设备设置为备用状态，更换或升级完成，经测试无误后方可投入运行。

3.1.8.2 在时间同步装置上工作结束前，应核对被授时设备对时功能正常。

3.2 状态检查

3.2.1 运行环境检查

运行环境检查。包括所处二次系统及设备环境、电源、线缆标签等，确保设备处于正常运行状态。

3.2.2　设备状态检查

设备状态检查包括电源状态、运行状态、网络状态等，确保设备运行状态正常。

3.2.3　系统状态检查

系统状态检查包括平台状态、应用状态、通道工况等，确保平台、应用功能正常。

3.2.4　安全措施检查

工作前应做好安全措施检查，如标识牌、遮拦、防静电等安全设施的布置，严防触及无关设备，影响其他设备正常运行。

3.3　容灾与备份

3.3.1　系统备用

检查备调（用）系统，保证功能正常，可正常切换。

3.3.2　应用备用

确认主备应用状态满足工作条件要求，先在备用应用节点进行调试工作，运行正常后在主应用节点进行调试。

3.3.3　数据备用

重大操作前做好二次系统及设备软件、数据的备份，并将备份内容存储在安全可靠的专用介质上。

3.4　外来人员安全管理工作规范

3.4.1　通用要求

3.4.1.1　调度（配电网）主站自动化外来人员，分为施工人员、主站设备/代维调试及维护保养人员三种。

3.4.1.2　主站外来人员管理应坚持“谁主管、谁负责，谁组织、谁负责”的原则，做到制度健全、职责清晰、管理规范、监督有力、风险可控。

3.4.1.3 外来人员在主站工作期间，必须佩带“临时出入证”、工作证（门禁卡），且不得转借他人。

3.4.1.4 外来人员工作期间自觉遵守公司的相关规章制度，服从调控机构的工作安排，上班期间不从事与调控工作无关的事。

3.4.2 安全管理要求

3.4.2.1 外来人员应具备必要的电力系统专业知识，掌握相应专业工作技能，按工作性质，熟悉电力安全工作规程，经考试合格，方可参加工作。

3.4.2.2 对外来二次作业人员进入主站作业前实行准入管理，即经安全培训后准入、凭工作票准入、持工作证准入、签承诺书准入，缺一不可。

3.4.2.3 经安全培训后准入：外来人员进入生产场所作业前，必须由设备运维单位进行与其工作性质相适应的安规及相关制度的培训、考试或现场安全交底，具体为包括如下内容。

（1）从事调度（配电）自动化主站设备修理、技改、基建、施工作业的外来单位的工作票签发人、工作负责人（简称“两种人”）必须经安监部门安全培训、考试并进行资格认定、发布，“两种人”资格有效期为12个月。

（2）从事调度（配电）自动化主站设备修理、技改、基建作业的外部作业人员作为工作成员的，必须经过设备运维单位的安规和管理制度的考试，合格后方可进场作业。

（3）调度（配电）自动化主站设备厂家技术服务人员为工作成员的，必须经过设备运维单位的安规和管理制度的考试，合格后方可进场作业。

（4）凭工作票准入：各类外来人员进入生产场所的工作必须执行工作票制度。外来作业人员不得担任工作负责人，只可作为工作班成员填入工作票，并在工作负责人的带领下凭票、按指定路线进入工作场所。

（5）持工作票准入：外来人员应凭有效证件（身份证、工作证）办理“临时出入证”、工作证（门禁卡），持证进入调度端和厂站。外来人员在现场工作期间，必须佩带“临时出入证”、工作证（门禁卡），且不得转借他人。

（6）签安全承诺书准入：外来人员进入生产场所作业前必须签订《安全作

业承诺书》，外来单位作业人员承诺书由工作负责人代表其全体作业人员统一办理，厂家技术服务人员和临时用工人员由本人亲自办理，承诺对象为运维单位安监部门，承诺人为作业人员本人。承诺内容至少应包含以下内容。

1）确认已经熟练掌握规程规范相关条款及相关制度要求，承诺严格执行之。

2）确认已清楚工作内容和安全注意事项，承诺作业行为规范、不违章作业，如有作业违章，接受处理，产生后果本人自负。

3）确认接受设备运维单位的质量要求，承诺工作质量符合相关技术标准。

4）针对调度（配电）主站自动化应急抢修外来人员作业和 2h 以内的技术服务，按照“四个准入”管理要求，用现场安全交底代替培训考试，并指定专人全过程旁站监督管理。

5）涉及运行系统、机房、调控值班场所、调控核心业务、系统等对电网调度运行自动化设备可能产生安全影响的工作，责任处室（班组）在工作前，必须对外来人员进行全面的安全、技术交底，安全交底应有完整的交底资料和交底记录（包括工作内容、操作步骤、影响范围、现场情况等），并按规定着装，佩戴个人安全防护用品。同时安排专业人员对工作进行全程监护并进行逐项检查，检查结果应形成记录。如有异常，监护人应立即制止。外来人员在主站机房内自动化设备工作，自觉服从工作负责人（监护人）的管理和监督，禁止从事超出工作票、施工方案内容以外的操作行为，禁止在监护人监护范围以外从事任何操作行为。

6）外来人员的工作，开工前责任处室组必须严格执行系统运维相关管理规定，按照最小化原则做好系统权限的设置，不得使用他人用户登录系统，进行相应权限操作，对自身用户和密码应严格保密，工作结束后应将权限及时收回。外来人员携带的调试电脑、存储介质不得随意接入运行中的自动化系统/装置上。现场工作中所使用的调试电脑、存储介质应专用，使用前应经过防病毒检测，不得将其连接至互联网。不得安装与系统无关的软件；不得将无关的设备接入监控系统专用网络；严禁将变电站计算机监控系统的内部网络与其他非电力系统实时数据传输专用的网络相连。

7）外来调试，在调度主站遥控试验前应提醒运行二次设备用户做好防止误遥控的安全措施：

a．将站内全部遥控压板可靠脱开。

b．将站内全部测控装置的“远方/就地”切换开关置于“就地”位置。

c．将站内全部隔离开关操作电源断开。

d．做传动试验时，应通知运行人员和有关人员，并由工作负责人或由他指派专人到现场监视。

e．进行遥控试验时，试验人员首先应验证画面定义全部正确，遥控号与信息表一致，并经现场进行核对确认，遥控操作应一人操作、一人监护，遥控对象须核对无误。

f．应根据现场实际情况做好其他安全措施。外来人员在工作期间应自觉遵守有关保密管理规定，签订保密协议，承担有关工作的保密责任。

3.5　检修管理细则

3.5.1　检修范围

调度管辖的自动化设备包含调度自动化主站系统、调度数据网设备及对应的安全防护设备。调度自动化主站系统指各级调度机构主站的自动化及其备用系统，主要包括如下内容。

（1）智能电网调度技术控制系统。

（2）电力调度数据网络主站设备。

（3）电力监控网络安全防护系统主站设备。

（4）电能量采集系统。

（5）调控云系统。

（6）主站系统相关基础设备，通常包括调度大屏设备、卫星时钟同步装置、运行值班报警系统、机房空调及不间断电源（UPS）装置等。

（7）其他相关系统及设备。

3.5.2　职责分工

各级调度自动化专业负责管辖范围内自动化设备检修计划的审查；负责自动化主站系统检修计划的编制；负责调管范围内自动化设备检修申请的受理和批复；负责自动化主站系统的检修维护；负责调管范围内自动化设备检修工作统计、分析和管理。

地调负责地调自动化主站系统的检修维护；负责预审所辖厂站自动化设备检修计划并上报；负责预审地区电网内厂站自动化设备检修申请和上报；负责地调自动化主站系统检修计划的编制和上报；负责地调自动化主站系统检修申请的上报，并对检修申请内容的正确性负责；负责地区电网内自动化设备检修工作的统计和分析。

3.5.3　计划管理

自动化设备检修计划分为年度检修计划和月度检修计划。年度检修计划应根据所辖范围内自动化设备基建、技改及大修等工作安排。月度检修计划应在年度检修计划基础上，根据所辖范围内自动化设备运行状况，并结合电网一次设备月度检修计划进行编制。

3.5.4　检修管理

调管范围内的自动化设备检修分为计划检修、临时检修和故障抢修。计划检修指列入年度和月度检修计划的检修工作；临时检修指须及时进行的重大设备隐患消缺、故障善后工作等；故障抢修指由于设备健康或其他原因须立即进行抢修恢复的工作。

（1）自动化设备的计划检修和临时检修工作应办理自动化检修申请，采用自动化检修申请票形式（简称检修票）。检修票填写应使用规范的调度和自动化专业术语，申请的开收工时间应与实际相符，工作地点应具体到地（县）调主站或管辖范围内的厂站，检修设备应在检修系统中采用对象化方式进行选择，标明检修原因并填写详细的检修内容（包含但不限于软件升级前后的版本、硬件更换前后的型号、具体的故障消缺步骤等），分析工作的危险点（对系统业务、运行指标、网络安全的影响）及需执行的安全措施（通道切换、数据封锁、加密及网安置牌等），将其列入检修单影响范围以待审核。

（2）自动化设备的计划检修由设备运维单位至少在 3 个工作日前提出申请（重要节日或重大保电时期应提前 5 个工作日），500kV 及以上的厂站至少在 5 个工作日前提出申请，临时检修应至少在 1 个工作日前提出申请（重要节日或重大保电时期应提前 3 个工作日），报上级调度自动化批准后方可实施。

（3）地调主站自动化系统检修票直接报省调自动化审批；220kV 变电站的自动化设备检修票由设备运维单位填报，经地调预审后上报省调自动化审批。

（4）电网一次设备检修对自动化设备造成影响（自动化设备本身无检修工作）时，设备运维单位可仅办理一次设备检修申请，但应明确对相关自动化设备的影响，工作前应电话告知上级调度自动化值班人员。

（5）影响 AGC、AVC 等控制类业务功能的自动化检修工作，若无需一次设备配合停役，设备运维单位可仅办理自动化检修申请，由相关专业会签；若影响电厂的发电计划安排，则应同时办理一次设备检修申请。

（6）通信通道检修影响自动化业务时，相关通信检修申请应交自动化专业会签，工作前应电话告知自动化值班人员。

（7）已批准的自动化检修工作票，工作负责人应在批准工作时间内组织开展检修工作，开工前、完工后均须根据检修票流程，通过电话或网络方式，逐级向各级相关调度办理开工和竣工手续。涉及影响网安业务的检修工作，应在省调自动化、地调值班人员批准工作后，联系自动化网安值班人员进行网安置牌。网安置牌原则上保留一天，涉及非工作日需网安置牌的检修工作，应提前至工作日预置牌。

（8）已批准的自动化检修工作票如遇特殊原因不能按时开工，申请单位应及时向省调自动化值班台汇报原因。检修单在批准开工时间 24h 后仍未开工，该检修票作废并计考核；如遇主站或电网运行方面的原因不具备开工条件，省调自动化、各地调可暂停或终止相关检修工作。

（9）已办理开工手续的自动化检修工作，工作实施前现场检修工作负责人应以电话方式分别向省调自动化、相关地调申请落实主站需要采取的配合措施，包括但不限于对调度主站及网安设备的封锁数据、通道切换或告警挂牌等。确认已落实配合相关安全措施，满足工作要求后，方可实施检修工作。

（10）当电网出现异常情况时或现场工作对主站业务造成重大影响时，相关调控机构值班调度员、自动化值班员或自动化管理部门有权要求现场工作负责人暂停实施中的自动化检修工作，现场工作人员应立即停止工作，保持现状，待相关部门重新许可后方可继续开展工作。

（11）自动化检修工作完成后，现场检修工作负责人应以电话或网络方式分别向各级调度自动化管理部门汇报工作情况，包括检修票涉及工作完成情况及检修目标完成情况，并申请撤销检修时向自动化主站所采取的配合措施。省调自动化、相关地调在确认配合措施均已撤销，且相关业务不受影响后，方可同意检修工作竣工。

（12）检修工作负责人应在确认工作相关各级调度机构均已同意办理检修票竣工手续后，逐级办理。

（13）涉及自动化专业的一次设备检修工作，若没有配套自动化检修工作票，实施前现场检修工作负责人也应以电话方式分别向省调自动化、相关地调确认自动化主站需要采取的配合措施已落实到位，完工后应确认配合措施已撤销。

（14）自动化检修工作未能按期竣工，检修工作负责人应在批准的检修工期结束前申请延期，并说明延期原因，得到许可后，方可延期。涉及报国调、区域等上级调度单位的检修单延期，经上级单位批准同意后，省调自动化参照执行。不经过网调分中心的检修申请，无特殊情况，不许延期，确有延期需要可延期至当日 24 时。

（15）涉及统调电厂、500kV 变电站、地调的重大或严重类相关缺陷，需提交检修申请单，涉及故障抢修的，需打紧急检修申请并提交事故分析报告。

（16）检修申请单的工作时间不应超过 3 天，检修申请单的工作时间原则上不允许跨月，如涉及长期检修或超过 3 天的，需划分多个工作周期或编制现场工作方案，将工作方案作为检修申请单附件，明确每天的工作内容和计划。

3.5.5 异常处理

（1）自动化设备出现缺陷时，紧急缺陷应在4h内消除或降低缺陷等级；重要缺陷应在24h内处理并在72h内消除或降低缺陷等级；一般缺陷应在2周内消除。电力监控系统网络安全事件处置参照《国家电网有限公司电力监控系统网络安全运行管理规定》相关要求执行。

（2）紧急或重要缺陷的消缺工作不纳入检修计划管理，无须提前上报检修票，开、竣工手续参照检修流程执行，由工作负责人向缺陷影响涉及调控机构逐级申请开展消缺工作。申请时应明确汇报故障现象、拟采取的处理方案及自动化主站需配合采取的配合措施。在确认主站配合措施已落实单位，并得到各相关调控机构的许可后，方可开展消缺工作。

（3）省调所辖统调电厂双通道中断超30min、汇聚路由中断或故障超30min、地调骨干、汇聚路由中断或故障超30min等紧急或重要缺陷处理完毕后的3个工作日内，自动化设备运维单位应向省调自动化值班台提交故障分析报告，报告内容包括故障（异常）现象、原因、处理过程、处理结果、预防措施等。

（4）一般缺陷的消缺工作属于临时检修，按临时检修的管理要求上报自动化检修工作票及办理开竣工手续。

3.5.6 人员管理

（1）各自动化设备运维单位应对检修负责人定期组织培训考试，考试合格后将名单及联系方式报送省调自动化备案。人员或联系方式发生变化时，应在3个工作日内向省调自动化报送更新信息。

（2）各自动化设备运维单位应加强运维人员资质管理，仅有在省调自动化备案的工作负责人才能担任省调自动化调管范围内的自动化设备检修工作负责人，与省调自动化进行检修业务联系。

3.5.7 检修工作开工、收工会

1．开工会

（1）检查确认现场工作人员的身体状况、精神状态良好，着装符合要求。

（2）工作前明确工作人员分工，对工作人员交代安全事项和技术措施、现场危险点及防范措施。

（3）确认工作人员了解工作地点、工作范围、工作进度、一次设备和二次设备运行情况，与本工作有联系的运行设备，需要与其他班组、单位配合的工作。

（4）对工作人员进行安全教育，督促工作人员遵守安规，检查工作票、二次安全措施票所载安全措施是否正确完备，安全措施是否符合现场实际条件。

2．收工会

工作负责人向工作班成员讲评本次工作任务完成情况、安措执行情况及质量、工艺情况、遗留问题，指出不足之处。

3.6 电力监控系统作业“十禁止”

（1）禁止未经许可在电力监控系统上开展作业。

（2）禁止未通过电力安全工作规程考试的人员参加现场作业。

（3）禁止在作业过程中使用非专用的调试终端或存储介质，作业过程中严禁将调试终端同时接入外网。

（4）禁止未经许可关闭、重启安全设备，或绕过边界防护设备将两侧网络直连。

（5）禁止在设备USB接口中插入手机或无线网卡。

（6）禁止直接通过互联网更新软硬件补丁和安全设备的特征库、规则库。

（7）禁止在设备上开启空闲硬件端口和高危网络服务。

（8）禁止在设备和业务系统中设置弱口令。

（9）禁止在边界防护设备中配置全通策略，或在纵向加密装置中配置明文策略。

（10）禁止对外泄漏电力监控系统网络拓扑、防护方案、漏洞信息和账号密码等敏感信息。

第 4 章　调度自动化安全风险辨识

本章依据《国家电网公司十八项电网重大反事故处理措施（修订版）》（国家电网生〔2012〕352 文，讲解了防止电网调度自动化系统事故和防止电力监控系统网络安全事故的相应措施，并结合现场实际讲解了自动化运行、机房、主站电源系统、基础数据等的安全风险辨识。进一步完善调度自动化安全风险管理工作，帮助调度自动化人员学习风险知识，认识自动化工作风险存在的客观性，提高风险辨识能力，实现风险中和风险后的管理向风险辨识与预控迁移。

4.1　防止电网调度自动化系统事故措施

4.1.1　设计阶段

4.1.1.1　调度自动化主站系统的核心设备，如数据采集与交换服务器、监视控制服务器、历史数据库服务器、分析决策服务器等，应采用冗余配置，磁盘阵列宜采用冗余配置。

4.1.1.2　调度自动化系统应采用专用的、冗余配置的不间断电源（UPS）供电，UPS 单机负载率应不高于 40%。外供交流电消失后 UPS 电池满载供电时间应不小于 2h。UPS 应至少具备两路独立的交流供电电源，且每台 UPS 的供电开关应独立。

4.1.1.3　备用调度控制系统及其通信通道应独立配置，宜实现全业务备用。

4.1.1.4　主网 500kV（330kV）及以上厂站、220kV 枢纽变电站、大电源、电网薄弱点、通过 35kV 及以上电压等级线路并网且装机容量 40MW 及以上的风电场、光伏电站均应部署相量测量装置（PMU），其中新能源发电汇集站、直流换流站及近区厂站的相量测量装置应具备连续录波和次/超同步振荡监测功能。

4.1.1.5　厂站远动装置、计算机监控系统及其测控单元等自动化设备应采用冗余配置的 UPS 或站内直流电源供电。具备双电源模块的设备，应由不同电源供电。

4.1.1.6　厂站测控装置应接收站内统一授时信号，具有带时标数据采集和处理功能，变化遥测数据上送阈值应满足调度要求，具备时间同步状态监测管理功能。

4.1.1.7　改（扩）建变电站（换流站）的改（扩）建部分和原有部分应接入同一监控系统，不应采用两套或多套监控系统。

4.1.2　基建阶段

4.1.2.1　厂站自动化系统和设备、调度数据网等必须提前进行调试，出具调试和验收报告，并完成与调度主站联调，验收合格方可投入运行，确保与一次设备同步投入运行，投产资料文档应同步提交。

4.1.2.2　厂站数据通信网关机、相量测量装置、时间同步装置、调度数据网及安全防护设备等屏柜宜集中布置，双套配置的设备宜分屏放置且两个屏应采用独立电源供电。二次线缆的施工工艺、标识应符合相关标准、规范要求。

4.1.3　运行阶段

4.1.3.1　变电站监控系统软件、应用软件升级和参数变更应经过测试并提交合格测试报告后方可投入运行。

4.1.3.2　主站系统应建立基础数据一体化维护使用机制和考核机制，利用状态估计、综合智能告警、远程浏览、母线功率不平衡统计等手段，加强对基础数据质量的监视与管理，不断提高基础数据（尤其是电网模型参数和运行数据）的完整性、准确性、一致性和及时性。

4.2　防止电力监控系统网络安全事故

为防止电力监控系统网络安全事故，坚持“安全分区、网络专用、横向隔离、纵向认证”基本原则，落实网络安全防护措施与电力监控系统同步规划、同步建设、同步使用要求，提高电力监控系统安全防护水平，并提出以下重点要求。

4.2.1 设计阶段

4.2.1.1 在电力监控系统新建、改造工作的设计阶段，工程管理单位（部门）应根据相关规定组织确定电力监控系统安全等级，提交安全防护评估方案，并通过主管部门评审。

4.2.1.2 生产控制大区的业务系统与终端的纵向通信应优先采用电力调度数据网等专用数据网络，并采取有效的防护措施；使用无线通信网或非电力调度数据网进行通信的，应当设立安全接入区，并采用安全隔离、访问控制、安全认证及数据加密等安全措施。

4.2.1.3 配电自动化系统、负荷控制系统应部署于生产控制大区配电或营销专区，采用专用网络通信，与管理信息大区系统之间采用物理隔离的安全防护措施，与终端间的纵向通信应当采用经过国家指定部门检测认证的电力专用纵向加密认证装置或者加密认证网关及相应设施，加密设备证书由调度数字证书系统签发。

4.2.1.4 具有远方控制功能（如系统保护、精准切负荷等）的业务应采用人员、设备和程序的身份认证，具备数据加密等安全技术措施。

4.2.1.5 地级及以上调控机构应建设网络安全管理平台，公司资产厂站侧应部署网络安全监测装置，实现对调度控制系统、变电站监控系统、发电厂监控系统网络安全事件的监视、告警、分析和审计功能。应建立配电自动化系统、负荷控制系统等其他电力监控系统及其终端的网络安全事件的监测和管理技术手段，并将重要告警信息及时传送至调控机构网络安全管理平台。

4.2.2 基建阶段

4.2.2.1 电力监控系统工程建设和管理单位（部门）应严格按照安全防护要求，保障横向隔离、纵向认证、调度数字证书、网络安全监测等安全防护技术措施与电力监控系统同步建设，根据要求配置安全防护策略，验收合格方可开展业务调试。

4.2.2.2　电力监控系统安全防护实施方案应经过相应调控机构的审核，方案实施完成后应当通过相应调控机构参与的验收。

4.2.2.3　接入调度数据网络的节点、设备和应用系统，其接入技术方案和安全防护措施必须经直接负责的调控机构同意，并严格执行调度数据网接入和安全策略配置管理流程，未经审批不得擅自接入。

4.2.2.4　电力监控系统工程建设和管理单位（部门）应按照最小化原则，采取白名单方式对安全防护设备的策略进行合理配置。电力监控系统各类主机、网络设备、安防设备、操作系统、应用系统、数据库等应采用强口令，并删除缺省账户。应按照要求对电力监控系统主机及网络设备进行安全加固，关闭空闲的硬件端口，关闭生产控制大区禁用的通用网络服务。

4.2.2.5　电力监控系统在设备选型及配置时，应使用国家指定部门检测认证的安全加固的操作系统和数据库，禁止选用经国家相关管理部门检测认定并通报存在漏洞和风险的系统和设备。生产控制大区中除安全接入区外，应当禁止选用具有无线通信功能的设备。

4.2.2.6　生产控制大区各业务系统的调试工作，须采用经安全加固的便携式计算机及移动介质，严格按照调度分配的安全策略和网络资源实施；禁止以各种方式与互联网连接或跨安全大区直连。

4.2.2.7　电力监控系统在上线投运之前、升级改造之后必须进行安全评估，不符合安全防护规定或存在严重漏洞的禁止投入运行。对于重要电力监控系统和关键设备，系统上线前应由具有测评资质的机构开展系统漏洞分析及控制功能源代码安全检测。

4.2.2.8　严格控制生产控制大区局域网络的延伸，严格控制异地使用键盘、显示器、鼠标（KVM）功能，确需使用的应制订详细的网络安全防护方案并经主管部门审核。

4.2.3　运行阶段

4.2.3.1　电力监控系统应在投入运行后 30 日内办理等级保护备案手续。已投入运行的电力监控系统，应按照相关要求定期开展等级保护测评及安全防护评估工作。对测评、评估发现的问题，应及时完成整改。

4.2.3.2 记录电力监控系统网络运行状态、网络安全事件的日志应保存不少于六个月。应对用户登录本地操作系统、访问系统资源等操作进行身份认证，根据身份与权限进行访问控制，并且对操作行为进行安全审计。应建立责权匹配的用户权限划分机制，落实用户实名制和身份认证措施。严格限制生产控制大区拨号访问和远程运维。

4.2.3.3 应对病毒库、木马库以及入侵检测系统（IDS）规则库定期离线进行更新。

4.2.3.4 应重点加强内部人员的保密教育、录用离岗等的管理，并定期组织安全防护专业人员技术培训。应对厂家现场服务人员进行网络安全教育，签订安全承诺书，严格控制其工作范围和操作权限。

4.2.3.5 加强并网发电企业涉网安全防护的技术监督。禁止各类发电厂生产控制大区任何形式的非法外联，禁止主机设备跨安全区连接，严禁设备厂商或其他服务企业远程进行电力监控系统的控制、调节和运维操作。

4.2.3.6 电力监控系统的运维单位（部门）应制订和落实电力监控系统应急预案和故障恢复措施，并定期演练。应定期对关键业务的数据与系统进行备份，建立历史归档数据的异地存放制度。

4.2.3.7 当电力监控系统遭受网络攻击，发生危害网络安全的事件时，运维单位（部门）应按照应急预案，立即采取处置措施，并向上级调控机构以及主管部门报告。对电力监控系统安全事件紧急及重要告警应立即处置，对发现的漏洞和风险应限期整改。

4.3 调度自动化安全风险辨识

4.3.1 自动化运行

自动化运行的安全风险及典型控制措施见表 4-1。

表 4-1 自动化运行的安全风险及典型控制措施表

序号	辨识项目	辨识内容	辨识要点	典型控制措施
1	检修申请及工作票、操作票制度	自动化系统无票工作，导致设备及人身安全	持票工作	（1）执行自动化系统检修申请和批复流程。 （2）自动化系统工作应严格履行工作票、操作票制度。 （3）明确工作内容、操作步骤和影响范围。 （4）严格执行监护和工作验收制度，定期开展监督检查。 （5）严格按照检修批准的开、竣工时间进行工作。 （6）现场实际开工、完工时向自动化值班员汇报，如影响电网调度业务，自动化值班员须征得当值调控员同意后，做好相应安全措施后方可许可工作
2	运行监测	自动化系统和设备运行监测运行监视信号不全、不清，造成自动化系统故障不能及时发现和处理	增补和明确监视信号	（1）监视硬件设备的灯态、电源、风扇等状态。 （2）监视自动化系统服务器、重要工作站重要进程、应用告警信息。 （3）监视自动化系统服务器、重要工作站 CPU 负荷率、磁盘备用容量等。 （4）监视自动化系统机房温度、湿度、消防报警。 （5）监视数据库文件系统、表空间等信息。 （6）监视自动化系统网络状态、端口信息等。 （7）监视自动化通道/厂站运行状态等信息。 （8）完善各类告警型号处理预案
3	值班与交接班	自动化系统运行值班不能及时发现故障，交接班内容不全面、运行情况交接不清，导致自动化故障不能及时处理	及时发现故障	（1）建立规范的自动化运行值班和交接班制度。 （2）制订自动化运行值班表。 （3）制订规范的值班巡视内容，定时巡检，及时发现自动化系统运行的异常和故障。 （4）交班和接班准备充分、交接内容全面、交接

续表

序号	辨识项目	辨识内容	辨识要点	典型控制措施
4	值班与交接班	自动化系统运行值班不能及时发现故障，交接班内容不全面、运行情况交接不清，导致自动化故障不能及时处理	及时发现故障	真实、完整、清楚记录自动化值班日志，值班日志应包括当值自动化检修和操作记录、主站自动化系统异常和事故情况、厂站自动化数据通信异常情况等
5	自动化系统故障处理	故障分析不准确，故障处理未采取有效措施	分析故障类型，确定处理方式	（1）故障处理手续齐全，处理前后需向相关部门。 （2）监护人员必须到位监护。 （3）按已备操作手册或典型操作进行处理并得到监护人员确认。 （4）做好故障处理记录，建立典型预案和预防案例措施
6	调度自动化系统安全应急预案	未制订或及时修订应急处置预案，导致应急处置不当	预案的修订及演练	（1）定期更新调度自动化系统安全应急预案、应。 （2）每年至少开展一次应急演练。 （3）建立健全应急处置方案，每半年至少开展一次故障应急处置方案应急演练。 （4）演练结束后开展评估，对演习过程中暴露的问题，进行修订预案
7	外来维护、开发技术人员	外来维护人员误操作、违规操作、超范围操作	规范外来人员工作，严格监督	（1）建立健全外来维护、开发技术人员的管理制度。 （2）外来人员在工作前，应明确工作内容、操作步骤、影响范围、安全措施、注意事项和验收方法，并经工作负责人确认。 （3）工作负责人应向外来人员明确工作内容、现场情况、安全措施及注意事项。 （4）监护人对外来人员进行全程监护，并进行逐项检查、记录，如有异常，监护人应立即制止。 （5）第三方单位维护、开发访问系统前签署安全责任合同书或保密协议

续表

序号	辨识项目	辨识内容	辨识要点	典型控制措施
8	自动化台账	无资料或资料不完整、不真实造成事故隐患或出现问题无据可查	完善各类台账、资料并归档	（1）制订完善的资料管理制度。 （2）具有上级颁发和结合本单位实际制订的确保系统安全、稳定、可靠运行的管理规程、制度，规定、办法等；有与实际运行设备相符规范的图纸资料档案。 （3）编写各项规章制度及各类运维手册。 （4）记录规范、真实、完整的值班日志、工作票、缺陷记录、检修申请单等，并实现电子化。 （5）自动化设备台账信息应按照要求在调控云模型数模平台上录入
9	自动化台账	无资料或资料不完整、不真实造成事故隐患或出现问题无据可查	完善各类台账、资料并归档	（1）制订完善的资料管理制度。 （2）具有上级颁发和结合本单位实际制订的确保系统安全、稳定、可靠运行的管理规程、制度，规定、办法等；有与实际运行设备相符规范的图纸资料档案。 （3）编写各项规章制度及各类运维手册。 （4）记录规范、真实、完整的值班日志、工作票、缺陷记录、检修申请单等，并实现电子化。 （5）自动化设备台账信息应按照要求在调控云模型数模平台上录入
10	备品备件	自动化系统主要运行设备必要的备品备件不齐全	备品备件核查	（1）配置足够数量的主要设备的备品备件。 （2）建立规范的备品备件清册和档案

4.3.2　自动化机房

自动化机房作业安全风险及典型控制措施见表 4-2。

表 4-2　　自动化机房作业安全风险及典型控制措施表

序号	辨识项目	辨识内容	辨识要点	典型控制措施
1	机房环境	自动化机房温度、湿度未达到规定要求，造成自动化设备损坏或停运、乱堆乱放杂物等	温湿度调控、杂物清理	（1）定期检查机房温湿度。 （2）定期检查空调制冷设备运行状况和送风通道情况。 （3）适时调整空调温湿度设定值。 （4）必要时配备移动式风扇。 （5）机房应具有防静电设施，有条件的应备有新鲜空气补给设施。 （6）机房不得堆放无关杂物
2	机房火警	自动化机房未配置火灾报警和消防设备，造成机房火灾报警不及时或灭火不及时	消防巡视检查	（1）按照相关消防规定，安装机房火灾报警设备。 （2）按照相关要求，配置足够数量的消防器材。 （3）禁止易燃、易爆物品进入机房，及时清理机房内杂物。 （4）至少配置一套防毒面具
3	机房防水	自动化机房空调冷凝水处理不好，窗户防暴雨密封性不好，导致影响机房电源及设备安全	防水巡视检查	（1）检查空调冷凝水管包扎有无泄漏、排水是否通畅。 （2）检查窗户防暴雨的密封性、窗户外雨水可否倒灌机房。 （3）应建立机房漏水监控，并及时告警，定期检查监控情况
4	机房接地	自动化机房接地电阻不满足规范的要求，造成雷击损坏自动化设备、接地环网断接或接头松动	接地电阻检测	（1）定期检测自动化机房的接地电阻，并提供测接地电阻检测试报告。 （2）定期检查接地环网情况及接头情况，必要时进行机柜和设备导通电阻测试
5	机房设备安装	设备安装不牢固、无规范标志，线缆、标签杂乱	规范设备安装及标签、标志牌张贴	（1）机房设备安装应牢圈可靠，运行设备应标有规范的标志牌。 （2）连接各运行设备间的动力信号电缆（线）应整齐布线，强弱电电缆应分开布放，电缆（线）两端应有标志牌

续表

序号	辨识项目	辨识内容	辨识要点	典型控制措施
6	机房门禁系统	机房未安装门禁或相关出入控制措施	查看机房门禁	（1）机房安装门禁措施，并完善人员进出入机房管理制度，建立相关记录。 （2）机房主要出入口应配置视频监控，能对非法进入机房的情况进行报警
7	机房设备供电	单电源供电，单台 UPS 系统故障或失电	双电源供电	（1）硬件设备采用双路 UPS 供电。 （2）服务器等主设备自身需具备冗余电源。 （3）对于不具备双电源供电的终端设备（如调控 STA、KVM、显示器等）应具备电源自动化切换功能(如加装 STS 切换装置)

4.3.3　自动化主站电源系统

自动化主站电源系统安全风险及典型控制措施见表 4-3。

表 4-3　　自动化主站电源系统安全风险及典型控制措施表

序号	辨识项目	辨识内容	辨识要点	典型控制措施
1	UPS 进线电源	UPS 未采用来自两个不同进线电源供电或经 ATS 切换后 UPS 交流电源与静态旁路的交流电源为同一组，导致自动化系统停电	双电源供电	（1）应配备专用 UPS 供电，不宜与信息系统、通信系统合用电源。 （2）UPS 由来自不同电源点的双路交流电源供双电源供电，且 UPS 静态旁路开关与 UPS 主机交流输入取自不同的 UPS 交流进线柜。 （3）UPS 交流电源定期进行切换试验
2	UPS 运行维护 UPS 运行维护	UPS 维护不到位，蓄电池组放电容量不足，交流电源停电后 UPS 不能正常运行，导致自动化系统失电	UPS 检查与实验	（1）应具备 UPS 供电方式示意图，并定期滚动修改。 （2）每天巡视电源机房，检查 UPS 的运行状况。 （3）每天巡视电源机房，检查温度和湿度
			UPS 负载检查，配电柜开关容量配置检查	（1）定期检查 UPS 的负载大小，对不满足容量要求电源及时扩容改造。 （2）负载宜平均分配至三相母线。

续表

序号	辨识项目	辨识内容	辨识要点	典型控制措施
2	UPS运行维护 UPS运行维护	UPS维护不到位，蓄电池组放电容量不足，交流电源停电后UPS不能正常运行，导致自动化系统失电	UPS负载检查，配电柜开关容量配置检查	（3）制订交流电源停电时负载切除次序、保证重要负载供电时间。 （4）UPS的供电变压器、配电开关容量满足要求，新增设备后需要复算配电柜总开关及上级开关容量是否匹配。 （5）加强对临时接入负载监视并有相关措施
3	UPS维护作业	无作业指导书和电力监控系统工作票开展工作，不熟悉现场开关情况，导致UPS意外停运，应急预案不具体，不具备实用性	UPS作业指导书、电力监控系统工作票和应急预案	（1）制订完备的安全技术措施，考虑各类可能导致UPS无法正常工作后的应对措施。 （2）UPS断电检修时，应先确认负荷已经转移或关闭。 （3）熟练掌握现场开关状态功能和使用规范。 （4）严格执行停机及断电顺序。 （5）建立健全UPS电源应急预案，并定期开展培训和演练

4.3.4 自动化基础数据

自动化基础数据安全风险及典型控制措施见表4-4。

表4-4　　自动化基础数据安全风险及典型控制措施表

序号	辨识项目	辨识内容	辨识要点	典型控制措施
1	设备入网	设备未经检测或未获得入网资格许可证书	入网设备资质检查	（1）自动化设备的设备配置和选型应符合相关技术标准及选型要求。 （2）自动化设备的采购应严格按照物资采购和入网设备资质检查招投标的有关规定进行。 （3）入网运行的自动化设备，应通过具有国家认证认可资质的检测机构的检测并提供相应的检测报告

续表

序号	辨识项目	辨识内容	辨识要点	典型控制措施
2	接入规范	厂站通信及自动化系统接入不规范，导致远动信息无法接入主站系统	符合国家电网公司规定接入规范	（1）建立厂站通信及自动化系统接入规范。 （2）严格把好设计审核关。 （3）根据管理和技术要求及时更新。 （4）根据自动化信息接入规范要求，规范厂站信息
3	接入规范	厂站通信及自动化系统验收把关不到位，影响日常信息接收正确率	验收工作规范	（1）建立厂站通信及自动化系统验收标准。 （2）参与系统验收。 （3）在重大缺陷隐患整改完成前不安排启动工作
4	新设备启动与变更	电网新设备启动或变更，未及时增加或更新自动化画面和信息，造成调度运行人员不能及时、准确掌握电网运行信息	及时增加或更新自动化信息	（1）按照新设备投运时间要求，及时调试、开通自动化信息传输通道。 （2）增加或修改自动化系统画面和相应遥测、遥信、遥控、遥调、参数信息，并得到调度验收确认。 （3）设备投运前，进行自动化信息及相关参数信息的测试、核对。 （4）现场 TA 变比调整，应有相关流程和通知单
5	参数库管理	未建立自动化系统参数库，参数不全，参数维护、备份不及时，造成自动化系统数据错误、电网运行误判断	建立、备份参数库	（1）规范并制订自动化系统参数维护流程和管理规定。 （2）建立系统参数库。 （3）及时维护、备份参数库
6	主站参数设定	调度主站或监控主站参数设定错误，为调度或变电运行人员提供错误的运行信息，造成电网运行误判断	参数正确	（1）核对参数信息表，设置模拟量系数、遥控点号以及要信相关定义。 （2）核对后台机图、库定义的一致性；参数更改要及时记录。 （3）新上间隔要及时进行图、库定义，并进行遥信传动试验、遥测加量试验以及遥控试验

续表

序号	辨识项目	辨识内容	辨识要点	典型控制措施
7	联动实验	参数设定后，应做试验的不按规定试验，或试验后二次回路、参数变动未及时恢复，造成自动化系统采集或控制数据错误	现场试验	（1）试验仪器应定期校验，使用前检查。 （2）试验项目应全面，尽可能从有效部位试验，无试验盲区。 （3）工作前应精心准备，将试验步骤、试验方法、试验标准写入《作业指导书》，对试验数据进行详细记录分析。 （4）二次回路、参数变动时应详细记录，试验后应及时恢复并核查
8	厂站数据质量	各厂、站上传数据的完整性、准确性、一致性、及时性和可靠性存在问题，造成电网运行误判断	检查各类数据	（1）各厂站上传调度所需信息满足可观测要求。 （2）上传信息符合各有关规程精度要求，特别是死区设定以及设备参数辨识。 （3）模型和参数统一管理、分级维护、关联存储。 （4）为各类信息提供及时、统一时标数据。 （5）确保系统和数据通信稳定、可靠。 （6）按照国家电网有限公司《交流采样测量装置运行检验管理规程》对设备进行相关检验
9	数据采集完整规范	主站系统采集的远动数据不满足调度运行管理的需要	规范监控信息数据采集	（1）制订规范、完整的监控信息表，包括厂站名，信号名、点号、制订人、执行人、执行日期等。 （2）监控信息表需按流程进行流转执行。 （3）严格按照信号规范采集、传送数据。 （4）调试过程中，严禁随意更改信号。信号变更需进行申请，经过批准后方可修改。 （5）执行后的监控信息表需及时归档留存

4.3.5 自动化系统

自动化系统安全风险及典型控制措施见表4-5。

表 4-5　　自动化系统安全风险及典型控制措施表

序号	辨识项目	辨识内容	辨识要点	典型控制措施
1	容量配置	自动化系统主要服务器 CPU 负载、内存剩余容量、硬盘剩余容量不满足标准要求、自动化系统数据丢失或系统部分功能运行不正常	主站系统容量配置	定期检查 SCADA/EMS、WAMS、OMS、电量采集等系统服务器 CPU 负载、内存剩余容量、硬盘剩余容量、数据库空间、网络状态
2	双机冗余	自动化系统重要节点未实现双机冗余、双机不能正常切换	主备双机冗余配置	（1）自动化重要节点设备应按双机冗余配置。 （2）定期对设备进行检查和切换实验。保证主备双机系统运行状况良好、切换正常
3	通道冗余	自动化信息未按双通道配置、双通道不能正常切换	通道冗余配置	（1）厂站至主站至少应具备两路独立路由的远动通道。 （2）主站应具备通道监视画面，当有通道故障时可有明显的标示和提示。 （3）通道故障时应及时启动检修流程
4	电网运行稳态监视功能维护	电网运行稳态监视功能维护不到位，功能有缺项或停运，导致电网调度控制运行监控不及时、不全面	检查监视功能，如断面潮流越稳定限额或频率越限告警、母线电压越限告警，故障和事故前后的系统频率、电压、潮流和开关动作等变化过程的完整记录，事件反演：SCADA 功能中的事件告警、事件顺序记录［SOE、事故追忆（PDR）、动态网络着色、频率越限告警、事故推画面、极值潮流］	（1）维护各项监视功能运行正常。 （2）随电网网架的变化及时更新监视内容。 （3）及时维护参数库数据。 （4）建立自动化系统功能完善维护业务流程。 （5）实现全网及分区低频低压减载、限电序位负荷容量的在线监视
5	变电站集中监控功能维护	变电站集中监控功能维护不到位，功能有缺项或停运，导致变电站监控不及时、不全面	检查集中监控功能：包括数据处理、责任区与信息分流、间隔建模与显示、光字牌、操作与控制、防误操作和操作预演等基本功能，变电站告警直传、远程浏览，远程操作安全认证功能	（1）维护各项监视功能运行正常。 （2）随电网网架的变化及时更新责任区、模型、光字牌等监视内容。 （3）及时维护参数库数据。 （4）建立自动化系统功能完善维护业务流程
6	AGC、AVC 维护	AGC、AVC 自动控制功能维护不到位，应用项有退出或功能不能满足要求，导致电网频率、电压控制错误	检查 ACC、AVC 运行	（1）维护 AGC、AVC 系统运行正常。 （2）随电网的变化及时更新监视内容。

续表

序号	辨识项目	辨识内容	辨识要点	典型控制措施
6	AGC、AVC维护	AGC、AVC自动控制功能维护不到位，应用项有退出或功能不能满足要求，导致电网频率、电压控制错误	检查ACC、AVC运行	（3）经调度许可后及时维护参数库数据。 （4）实现全网旋转备用容量或AGC调节备用容量的在线监视。 （5）实现机组一次调频投入情况的在线监视。 （6）凡有AVC调整的变电站，在投运前，应测试合格后方允投入AVC控制
7	状态估计维护	模型参数维护不及时，或数据采集异常，导致状态估计合格率低	维护模型参数，检查系统运行	（1）电网结构变化时，及时维护系统模型、参数。 （2）保证调度控制系统数据采集的正确性，发现可疑数据时应及时进行确认处理。 （3）检查状态估计覆盖率。 （4）检查单次状态估计计算时间。 （5）检查状态估计月可用率。 （6）检查遥测估计合格率
8	调度员潮流维护	系统模型参数错误、数据采集不正确导致调度员潮流计算结果错误	维护模型参数，检查系统运行	（1）电网结构变化时，及时维护系统模型、参数。 （2）保证调度控制系统数据采集的正确性，发现可疑数据时应及时进行确认处理。 （3）检查单次潮流计算时间。 （4）检查调度员潮流计算结果误差。 （5）检查调度员潮流月可用率
9	静态安全分析维护	系统模型参数错误、数据采集不正确，导致静态安全分析结果错误	维护模型参数，检查系统运行	（1）电网结构变化时，及时维护系统模型、参数。 （2）检查静态安全分析功能的月可用率。 （3）检查故障扫描平均处理时间

续表

序号	辨识项目	辨识内容	辨识要点	典型控制措施
10	WAMS 系统维护	WAMS 系统子站布点不足，信息采集不全，或主站系统电网模型参数未及时维护更新，造成系统功能未能发挥	完善信息采集点，检查系统运行	（1）定期检查 PMU 装置与 WAMS 主站通信状态。 （2）核对、检查 WAMS 系统数据与 EMS 系统数据一致性。 （3）及时新增或更新 WAMS 系统网络模型、参数
11	在线安全稳定分析维护	系统模型参数错误、数据采集不正确，导致在线安全稳定分析功能异常	维护模型参数，检查系统运行	（1）电网结构变化时，及时维护系统模型、参数。 （2）确保 WAMS 系统数据的可靠性和完整性。 （3）检测暂态稳定分析与评估功能。 （4）检测静态电压稳定性评估功能。 （5）检测小干扰稳定评估功能。 （6）检测基于安全域的稳定检测及可视化功能。 （7）检测基于 WAMS 互联的分析及告警功能
12	DTS 系统维护	DTS 系统未实现与 EMS 系统的互联，或模型拼接有错误，导致 DTS 计算结果错误	维护模型参数，检查系统运行	（1）与调度控制系统的画面、参数要同步更新。 （2）检测与调度控制系统的模型拼接情况。 （3）检测网省或省地间的模型拼接情况
13	电量采集系统维护	未实现关口计量和电能考核点的数据采集与处理的完整性，造成计量缺失	关口维护	（1）新增、变更关口计量点和电能考核点的维护。 （2）检查通信通道的运行情况。 （3）检测上网电量、受电量、供电量、网损的准确性
14	数据网设备维护	数据网络设备的参数配置随意改变，造成网络中断	参数配置是否符合	（1）各节点进行工作时，若影响到数据网络设备，必须提前三天向上级调控机构提出书面申请，经批复同意后方可进行工作。 （2）加强数据网设备的运行管理，保证网络的正常运行
15	备份功能	备份缺失或不能正确备份，导致数据信息缺失	定期备份	（1）检查各自动化系统数据备份策略和时间。 （2）备份磁盘（介质）存放在规定地点。 （3）定期进行备份数据的恢复实验

续表

序号	辨识项目	辨识内容	辨识要点	典型控制措施
16	软件测试	系统功能软件升级或新应用软件测试时管理不到位，造成系统功能异常，影响电网安全	软件测试管理	（1）系统功能软件升级或新加系统功能软件前，应制订软件测试方案，并充分论证。（2）现有系统功能软件升级时应先进行离线测试。（3）新加系统功能测试时应充分考虑新软件对原有系统的影响，尽量回避可能造成的重大影响，如系统CPU负载大幅增加等
17	调度运行管理系统信息维护	自动化设备管理（包括各个系统主站、厂站设备台账等应用）、运行管理（运行日志、检修申请单、故障与缺陷处理流程、运行报表与指标统计等应用）等未及时维护，造成风险评估、EMS应用出错	调度运行管理系统信息及时更新	（1）建立第一责任人制度，完善流程，保障台账信息及时更新。（2）定期检查运行日志、运行报表等模块的运行情况。（3）定期检查检修申请单、故障与缺陷处理流程等流程
18	负荷预测维护	系统模型维护不正确、数据采集异常导致负荷预测结果错误或系统异常导致无法上报发送数据	检查系统运行、检查采集数据正确性	（1）保证调度控制系统数据采集的正确性，发现可疑数据时应及时进行确认处理。（2）检查负荷预测合格率。（3）检查系统进程和网络状态是否正常
19	检修计划维护	检修计划功能不具备或不全面，流程无法正常流转	完善功能、及时维护	建立第一责任人制度，进行维护，保障功能的实现与完整

第5章　机房安全运行要求

本章依据职业安全卫生有关法律、法规和安全管理有关规定重点介绍了自动化机房设备布置、环境与辅助设备管理、运行管理、施工管理、消防管理相关安全要求。

调度自动化机房内有调度运行的调度技术支持系统，包括调度自动化EMS系统、配电网自动化主站系统、调度数据网系统、调度数据网络安全系统、OMS等，要确保上述系统稳定运行，需保证机房安全管理。调度自动化机房包括调度自动化主机房（简称主机房）包括各级调度机构管辖系统的主机房、备调系统主机房；调度自动化辅助机房（简称辅助机房）包括不间断电源机房、蓄电池室；调度自动化运行维护室（简称运维机房）包括各级调度机构所辖系统的调度大厅设备机房、运行值班室、系统维护室。

5.1　机房设备布置管理

（1）主机房应按照系统的功能特性和安全需求划分为生产控制大区、管理信息大区及安全接入区，不同安全等级的系统设备宜布置在不同区域。

（2）各机房应配置消防设施和消防自动报警装置，应有消防疏散通道等安全措施。

（3）各机房综合布线应遵循强弱分离原则，强弱电桥架应独立铺设。综合布线可采用上走线、下走线两种方式，新建机房宜采用上走线方式。

（4）各机房内应根据走线方式规范布线，尽量不交叉，不得产生扭绞、打圈接头等现象，严禁线缆在机柜间、地板上私拉乱接，地板下禁止设电源接线板和用电终端设备。

（5）进入各机房的电源电缆均应采用优质阻燃电缆，必须采用整段线料，中间无接头。敷设电源线应平直并拢、整齐，不得有急剧弯曲和凹凸不平现象，绑扎电源线时不得损伤电缆外皮。

（6）主机房应配置独立的精密空调系统，宜采用活动地板下送风、上回风方式。必要时，可采用封闭冷热通道的方式。对局部过热的区域，可采用局部送风方式或局部制冷方式。

（7）各机房精密空调所在地板下方应砌筑矩形挡水坝，并应部署水浸告警传感器，检测漏水并实时报警。

（8）主机房、辅助机房应设有防小动物措施，用于承载弱电线缆、强电线缆的桥架端口与外部连接处用防火泥等密封保护，机房的孔、洞应用防火材料封堵。

（9）各机房应采用防静电地板或地面并采用必要的接地防静电措施。

（10）各机房应采用标准机柜，应按照信息系统等级保护要求配置屏蔽机柜。

（11）各机房内应在屏柜正面上方设置明显标签，标明机柜所属系统、主要功能和作用。

（12）各机房内的设备应张贴电网资产实物“ID”标签，具体要求参照《国家电网有限公司电网资产实物“ID”管理办法》执行。

5.2 环境与辅助设备管理

（1）调度自动化系统应配置专用 UPS 电源系统，不得与信息系统、通信系统等其他设备合用电源。

（2）调度自动化系统专业 UPS 电源应主备冗余配置，采用独立运行方式。每台 UPS 应至少具备两路独立的交流供电电源，且每台 UPS 的供电开关应独立。每台 UPS 电源主机应设置维修旁路开关，UPS 电源主机整体检修时，通过手动旁路供电。每台 UPS 电源单机负载率应不高于 40%，外供交流电失去后

UPS 电池满载供电时间应不小于 2h。双电源模块负载的两个电源模块应分别连接至两套 UPS 电源的交流出线分配屏，单电源模块负载应接入静态切换开关（STS）实现两套 UPS 电源自动无缝切换。UPS 电源系统应接入机房动环监控系统，具备远程监视功能，异常情况应实时报警。主要监控内容包括 UPS 电源主机输入电压、输入电流、各相输出电压、各相输出电流及告警信息等。运行值班人员每天按要求对 UPS 电源系统巡视一次，并填写现场巡视记录单，查看 UPS 电源主机有无异响、异味等，显示屏有无告警提示；空气开关位置是否正确，ATS 运行指示灯是否正常；交流出线屏电压、电流值是否在正常范围，相电压 220V 左右，电流值无异常变化。

（3）主机房和辅助机房中的电源列头柜电源进线应来自不同的专用 UPS。

（4）蓄电池在 UPS 供电系统中的主要作用就是储存电能，一旦市电中断，由电池放电供给逆变器，由逆变器将电池释放出的直流电转变为正弦交流电，维持 UPS 的电源输出，确保负载在一定的时间内正常用电。在市电正常供电时，电池在整流—充电电路中储存电能，同时对直流电路起到平滑滤波的作用，并在逆变器发生过载时，起到缓冲器的作用。按照现场设备的后备电池电压需求，由多节免维护铅酸电池串联或者并联组成电池组，串接在 UPS 的主负载线路中。目前，阀控式铅酸蓄电池使用较多的是 12V 系列。选电池一般放在阴凉、干燥、通风的房间，应配置空调、排气扇、灭火器、可燃气体监测报警装置等设备。日常运行过程中值班人员应每日对蓄电池现场巡视，并填写现场巡视记录单。检查蓄电池各部件是否存在过热、松动现象，是否有异常声音、异常气味；电池壳体和极柱温度是否正常，极柱、安全阀周围有无渗液或酸雾逸出，电池壳体有无变形和渗液；蓄电池室内温度是否保持在 15℃～28℃之间，设备所在房间湿度是否满足 35%～75%；蓄电池室内无漏水、漏气现象，地面整洁，照明充足，通风良好；正常运行中的蓄电池组监测装置有无报警。定期完成充放电测试，测试频率每年 1/2 次。每年定期开展蓄电池运行情况分析，完成年度运行分析报告。

（5）主机房和辅助机房中的机柜内应安装两路电源的 PDU，必要时，可以根据实际情况，安装柜内电源切换装置。

（6）主机房一般照明的照度不应低于 500lux，主要照明应采用无眩光节能设备，灯具应采用分区、分组的控制措施。

（7）蓄电池室照明灯具应具备防爆功能，照度应不低于 200lux，室内照明线应采用穿管暗敷，开熔断器、插座等应安装在蓄电池室外面。

（8）机房应设置应急照明和疏散指示标志灯，应急照明应大于 50lux，疏散指示标志灯应大于 5lux。

（9）主机房和辅助机房温度应控制在夏季 22℃±1℃、冬季 23℃±1℃，相对湿度满足 40%～55%要求。要达到此温度，机房应安装精密空调，将机房内的温度、湿度严格控制在特定范围，提高设备运行稳定性和可靠性。日常巡视中要检查紧密空调的液晶面板有无告警信息；检查空调制冷效果，送风通道有无冷气送出；检查空调周边是否有油迹，是否漏水；检查压缩机、风机运行状态，查看有无异响及停转现象；记录空调面板显示温湿度。现场巡视时应严格按照相关规程操作，避免误碰、误触导致空调系统发生故障。远程巡视要求：精密空调运行状况宜通过机房动力环境监控系统由信息调度值班人员 7×24h 实时监控，重点查看温湿度、水浸、告警信息等各项数据是否正常。

（10）各机房内机柜应与大楼接地网可靠连接，接地电阻不大于 0.5Ω，机柜内设备应通过接地线可靠接地，接地装置每年要由有专业测试资质的单位检测一次，并出具测试报告。

（11）各机房出入口应配置电子门禁系统，控制、鉴别和记录进入的人员。门禁应具有联动功能，当发生突发性紧急事件时，能自动解除全部门禁。

（12）各机房内有可能发生水患的部位应设置漏水检测和报警装置。

（13）主机房和辅助机房应安装机房环境监测系统和视频监控系统，并统一接入机房集中监控系统。

（14）各机房环境监测系统包括机房精密空调实时监测、专用 UPS 监测、蓄电池和配电设备监测、温湿度监测、烟感监测、漏水监测、门禁系统监测等。

（15）各机房应安装视频监控系统，主机房应满足视频监控全覆盖、无死角的要求。电源设备运行要求。

5.3 机房运行管理

（1）应具有机房值班管理制度、机房设备台账制度、设备运行管理制度、设备缺陷管理制度、外来人员管理制度、用户账号权限管理制度、机房突发事件应急预案等，并且严格执行。

（2）运行值班人员每天应巡视机房不少于 2 次，可采用远程巡视和现场巡视相结合的方式。

（3）应定期对机房内自动化设备、UPS 输入、输出柜、蓄电池接头位置、电线电缆、空气开关等重点部位进行红外测温。

（4）各机房应保持整洁有序。做到地面清洁、仪表工具定位正常、资料齐全存放有序、机柜设备表面及通风口无明显灰尘。

（5）主机房和辅助机房内不得堆放物品，使用的备件、材料、工具须在指定位置整齐存放。通道、路口、设备前后和窗口附近均不得堆放杂物。

（6）各机房内的公共设施、设备、仪表等不准随意拆卸，工具、图纸、资料等使用要办理相关手续，否则不准带出机房。

（7）各机房内配电系统的设计施工图、配电系统图、线缆布线图等资料应完整，并且与标识一致，如有变动，应及时更改资料。

5.4 机房施工管理

（1）自动化机房的施工应按照“谁主管谁负责”的要求，应指定工作负责人对施工现场进行管理。

（2）电力监控系统安装调试、检修等作业，工作票签发人或工作负责人认为有必要勘察现场的，应根据工作任务组织现场勘察，并填写现场勘察记录。

（3）主机房内设备操作和检修应按照相关规定办理申请及许可手续，并严格执行两票制度。

（4）施工单位在组织工程施工前，必须编制“三措”方案，经机房运行管理部门审批后，方可组织施工。

（5）在机房设备上工作，应在工作屏柜设置“在此工作！”的标志牌，在UPS 室或电源分配屏工作应设置围栏和“在此工作！”的标志牌，禁止工作人员擅自移动或拆除。

（6）工作负责人应对施工过程进行监督管理，及时制止可能影响系统运行安全的操作及其他违章操作，发现问题及时汇报。

（7）工作人员在现场工作过程中，一旦遇到电力监控系统异常时，不论与本身工作是否有关，应立即停止工作，待查明原因，确定与本工作无关后方可继续工作。

（8）不得私拉乱接电源线，施工过程中确要使用临时电源必须经工作负责人同意，并要符合规范（采用双护套线，并用带保护的插座），工作结束后应及时关断电源。

（9）机房施工结束后，由机房运行管理部门组织相关人员对施工质量、安全管理等情况进行验收，工程验收后，并对竣工图纸及相关资料进行归档。

5.5 机房消防管理

（1）自动化主机房和辅助机房作为消防安全重点部位，应明确防火责任人，设置明显的防火标志，配备必要的消防设施和器材。

（2）自动化主机房和辅助机房应配置电力设备火灾专用的防火器材，包括气体自动灭火装置、手持式二氧化碳灭火器和各类感应设备（烟感监测、红外测温等）。

（3）运行值班人员应每天巡视机房，巡视内容除正常专业工作要求外，还应包括消防环境检查、气体灭火装置气压是否在正常范围、手持式二氧化碳灭火器是否在可用时间范围以内等。

（4）自动化主机房和辅助机房结合重大节假日、迎峰度夏（冬）等工作，每月至少进行一次防火检查。

（5）严禁携带火种、易燃易爆、腐蚀性等物质进入机房。机房内禁止使用明火，确因工作需要，如动火地点可能火花飞溅落至易燃易爆物体附近在电缆沟道（竖井）内、隧道内、电缆夹层、调控室必须向相关部门办理机房二级动火工作票。

（6）蓄电池室中电池的安装应远离热源和易产生火花的地方，室内应装有自动排风装置，并避免受到阳光直射。

（7）志愿消防队员应掌握机房各类消防设施、消防器材和正压式消防空气呼吸器的使用方法和适用范围。

第6章 应 急 管 理

本章主要从应急指挥机构、危害程度分析、故障分级、监测预警、应急响应、信息报告、后期处置、应急保障等方面讲解了调度自动化系统故障和电力监控网络安全事件应急预案，并且详细讲解了网络安全事件应急工作规范。

6.1 调度自动化系统故障应急预案

6.1.1 应急指挥机构及职责

地市级供电公司设置调度自动化系统故障应急领导小组，统一组织领导公司调度自动化系统故障的防范及应对工作；针对具体发生的调度自动化系统故障，临时成立的应急指挥部，具体负责指挥协调本次调度自动化系统故障应对处置工作。

（1）应急领导小组。

市公司调度自动化系统故障应急领导小组组长由分管调控中心的公司领导担任，成员包括调控中心、安监部、设备管理、宣传、后勤等专业负责人。

市公司调度自动化系统故障应急领导小组下设办公室（简称公司调度自动化系统故障应急办），设在调控中心，办公室负责人由调控中心负责人担任，成员由调控中心、安监部、设备管理、宣传、后勤等部门管理人员组成（公司系统应急组织机构人员信息见表 6-1）。

（2）应急指挥部。

针对具体发生的调度自动化系统故障，并可能造成重特大损失或影响时，调度自动化系统故障应急领导小组启动响应，并成立应急指挥部，指挥协调应对处置工作。

应急指挥部设总指挥、副总指挥、指挥长、副指挥长及工作组，实行总指挥负责制，承担调度自动化系统故障应急指挥协调和组织应对工作。总指挥由分管生产副总经理担任，负责总体指挥决策工作；副总指挥由协管相关业务的总经理助理、总师担任，协助总指挥开展指挥协调，必要时带领工作组赴事发现场指导；指挥部成员由相关部门和单位负责人担任，其中指挥长 1 名、副指挥长若干（应急指挥部组成及职责详见表 6-2）。

应急指挥部是临时机构，针对具体发生的调度自动化系统故障。名称采用“应对＋事件名称＋应急指挥部”方式，事件名称一般根据发生时间和影响范围命名。

（3）现场指挥部。

调度自动化系统故障发生后，事发单位视情况成立现场指挥部，现场指挥部由事发单位主要负责人、相关单位负责人及上级单位相关人员、应急专家、应急队伍负责人等人员组成，事发单位主要负责人任总指挥，分管领导任副总指挥。现场指挥部实行总指挥负责制，组织设立现场应急指挥机构，制订并实施现场应急处置方案，指挥、协调现场应急处置工作，做好与上级指挥机构的对接。

（4）专家组。

按照调度自动化系统故障应急办要求，组建应急专家组，协助相关单位开展故障处置，参与故障处置分析和评估，分析查找故障原因并提出整改措施。

6.1.2 风险和危害程度分析

6.1.2.1　风险分析。可导致调度自动化系统故障时间的风险主要包括如下内容。

（1）物理安全风险（如自然灾害、物理损坏、自动化机房火灾及环境安全等），可能造成调度自动化系统设备及业务支撑场所损毁，从而引发调度自动化系统故障。

（2）调度自动化系统软硬件自身安全风险（如操作系统、数据库系统、应用服务软件、服务器、存储设备故障等），可能造成调度自动化系统 SCADA、网络分析等核心应用异常，从而引发调度自动化系统故障。

（3）调度自动化系统相关网络风险（如局域网络、调度数据网及通信通道故障等风险），可能造成调度自动化系统数据采集异常，从而引发调度自动化系统故障。

（4）内外部网络攻击、计算机病毒及恶意程序安全等风险，可能造成调度自动化系统网络及应用功能瘫痪，从而引发调度自动化系统故障。

6.1.2.2 危害程度分析。

调度自动化系统故障将严重影响电网调度运行监控业务正常开展，对整体电网调度运行监控造成巨大影响。

（1）导致公司基于调度自动化系统的各类应用无法正常运转，影响公司对电网实时运行情况的掌握，不利于电网安全稳定运行。

（2）导致电网故障无法及时处理，尤其是针对特高压交直流输电系统的故障，容易造成电网故障范围扩大，造成大面积停电事件。

6.1.3 故障分级

依据《国家电网公司安全事故调查规程》，对造成调度监控功能丧失、延误送电等影响电网运行处置的调度自动化系统故障，按照影响范围和严重程度，分为：特别重大、重大、较大、一般四级。

6.1.3.1 满足下列情况之一，为公司特别重大调度自动化系统故障。

（1）省级主备调度自动化系统 SCADA 功能全部丧失 24h 以上。

（2）公司应急领导小组视调度自动化系统故障危害程度、恢复能力等综合因素确定为特别重大事件者。

6.1.3.2 满足下列情况之一，为公司重大调度自动化系统故障。

（1）省级主备调度自动化系统 SCADA 功能全部丧失 16h 以上。

（2）调度数据网省级骨干网故障，导致省级主备调度自动化系统与直接调度的全部厂站通信中断。

（3）公司应急领导小组视调度自动化系统故障危害程度、恢复能力等综合因素确定为重大事件者。

6.1.3.3 满足下列情况之一，为公司较大调度自动化系统故障。

（1）省级主备调度自动化系统 SCADA 功能全部丧失 8h 以上。

（2）公司应急领导小组视调度自动化系统故障危害程度、恢复能力等综合因素确定为较大事件者。

6.1.3.4 满足下列情况之一，为公司一般调度自动化系统故障。

（1）省级主备调度自动化系统 SCADA 功能全部丧失 4h 以上。

（2）地级主备调度自动化系统 SCADA 功能全部丧失 8h 以上。

（3）调度数据网地级接入网故障，导致地级主备调度自动化系统与直接调度的全部厂站通信中断。

（4）公司应急领导小组视调度自动化系统故障危害程度、恢复能力等综合因素确定为一般事件者。

6.1.4 预防与预警

6.1.4.1 风险监测。

（1）各级调控中心负责收集相关职能部门和公司应急办发布的风险信息，开展风险分析和评估，并根据预案启动相应预警。

（2）风险预警信息收集

1）各级调控中心实时监测主备调自动化系统、调度数据网和动力环境等运行情况，发现故障信息，并收集各业务部门报送的异常、故障信息；

2）本单位应急办发布的预警信息；

3）国家网络与信息安全机构和生产厂商发布的操作系统、数据库等缺陷漏洞等风险信息；

4）公司相关部门和单位发布的对调度自动化系统运行影响的危险源信息。

6.1.4.2 预警分级。

根据调度自动化系统故障的影响范围和严重程度，公司调度自动化系统故障事件预警分为一级、二级、三级和四级，依次用红色、橙色、黄色和蓝色表示，一级为最高级别。

（1）一级预警。

经调度自动化系统故障应急办综合分析，可能发生符合本预案规定的特别重大调度自动化系统故障。

（2）二级预警。

经调度自动化系统故障应急办综合分析，可能发生符合本预案规定的重大调度自动化系统故障。

（3）三级预警。

经调度自动化系统故障应急办综合分析，可能发生符合本预案规定的较大调度自动化系统故障。

（4）四级预警。

经调度自动化系统故障应急办综合分析，可能发生符合本预案规定的一般调度自动化系统故障。

6.1.4.3　预警发布。

（1）公司调度自动化系统故障应急办接到地市公司上报的调度自动化系统故障预警信息后，立即汇总相关信息，进行分析研判，提出预警建议，报公司调度自动化系统故障应急领导小组批准后发布，并向公司应急办报备。

（2）调度自动化系统故障预警信息内容包括危险源提示、预警级别、预警期、可能影响范围、警示事项、应采取的措施、发布单位（机构）和时间等。

（3）调度自动化系统故障应急办根据调度自动化系统故障影响范围、严重程度、紧迫性，通过公司短信平台、传真、电子邮件、即时通信等通信手段向相关单位发布，并根据情况变化适时调整预警级别。

6.1.4.4　预警行动。

（1）调度自动化系统应急处置办公室根据预警信息，密切关注事态发展，开展主备调度自动化系统及设备、调度数据网及动力环境等特巡工作。

（2）视调度自动化系统故障的影响范围，重点做好如下应急处置工作：及时恢复重要变电站有人值守，协调相关部门和单位做好通信保障、供电保障工作；组织成立应急抢修队伍，联系做好应急物资运输和调试。

6.1.4.5 预警调整。

调度自动化系统故障应急办根据预警阶段调度自动化系统运行情况、风险发展趋势、预警行动的效果，提出预警级别调整建议，经公司领导同意后发布，并向公司安全应急办报备。

6.1.4.6 预警结束。

经过预警行动后，事态发展已经得到控制且不满足预警条件时，由调度自动化系统应急办提出预警结束建议，经公司领导同意后发布，并向公司安全应急办报备。

6.1.5 应急响应

6.1.5.1 响应分级。

按照突发事件等级，相关单位分别启动相应等级应急响应，发生特别重大、重大、较大、一般调度自动化系统故障时，分别对应Ⅰ、Ⅱ、Ⅲ、Ⅳ级应急响应。

6.1.5.2 先期处置。

各级调控中心做好调整自动化系统主备运行方式切换准备，发布故障信息，通知相应部门，控制事态发展，确保故障不再扩大。

调度自动化系统故障可能或已经对电网运行造成影响时，自动化值班员应及时向电网调度员、上级调度自动化值班员及自动化负责人报告系统故障现象以及采取的临时措施等。

6.1.5.3 响应启动。

发生调度自动化系统故障时，事发单位启动本单位应急响应，并立即向公司调度自动化系统故障应急办和公司安全应急办报告。公司调度自动化系统故障应急办接到事发单位报告后，立即会同有关部门/机构收集汇总相关信息，分析研判后，向公司安全应急办提出调度自动化系统故障的响应定级建议，公司安全应急办接到信息报告并核实后，向公司分管领导报告，提出应急响应建议，经同意后启动应急响应。公司安全应急办通知指挥长、相关部门、事发单位组织开展应急处置工作，并组织启动应急指挥中心及相关信息支撑系统。

1．到岗到位

接到调度自动化系统故障应急响应通知后，指挥长、指挥部成员、工作组成员、事发单位及涉及单位有关人员应在工作时间 30min 内、非工作时间 60min 内到达应急指挥中心值守。

出差、休假等不能参加的，由临时代理其工作的人员参加。

2．指挥中心启动

安监部组织启动公司应急指挥中心，事发单位及相关部门在 30min 内实现与公司应急指挥中心互联互通，并提供事件简要情况、相关资料。

事发单位调度自动化系统故障应急领导小组根据情况启动本单位调度自动化系统故障应急响应，并立即向本单位应急办公室报告。

3．应急指挥信息接入

应急指挥工作组成员部门按照专业职责开展应急处置工作。

（1）调控中心：负责提供事件故障及处理情况，及时汇报故障处置信息；组织应急处置过程中通信保障工作，开展调度自动化系统相关通信系统抢修恢复工作。

（2）安监部门：负责应急处置过程中的安全监督管理工作。

（3）设备部门：负责落实调度自动化系统故障应急处置领导小组办公室要求，配合开展变电站（换流站）自动化故障处置和恢复变电站有人值班。

（4）宣传部门：负责组织信息对外发布和社会舆论的引导工作。

（5）后勤部门：负责组织调度自动化系统应急供电，本单位大楼供电抢修、恢复。

（6）其他相关部门及单位：负责完成调度自动化系统故障应急处置领导小组交办的各项工作，配合做好应急相关工作。

6.1.5.4　指挥协调。

应急指挥部实行总指挥负责制，总指挥负责总体指挥决策工作，指挥长负责应急处置的统筹组织管理，执行落实总指挥的工作部署，领导指挥总部各工作组，指导协调以下应急处置工作。

1．Ⅰ级响应

（1）公司调度自动化系统故障处置领导小组及其办公室统一领导协调调度自动化系统故障处置工作。

（2）启用公司应急指挥中心，召开调度自动化系统故障处置领导小组会议，就有关重大应急问题做出决策和部署；必要时向事件发生地派出专家组，指导协调现场应急处置工作。

（3）调度自动化系统故障处置领导小组办公室启动24h应急值班，开展信息汇总和报送工作。

（4）调度自动化系统故障处置领导小组办公室协调各职能部门按照职责分工调配应急队伍、应急物资、应急装备，协调解决应急通信等保障工作。

2．Ⅱ级响应

（1）公司调度自动化系统故障处置领导小组及其办公室统一领导协调调度自动化系统故障处置工作。

（2）启用公司应急指挥中心，召开调度自动化系统故障处置领导小组会议，就有关重大应急问题做出决策和部署；必要时向事件发生地派出专家组，指导协调现场应急处置工作。

（3）调度自动化系统故障处置领导小组办公室启动24h应急值班，开展信息汇总和报送工作。

（4）调度自动化系统故障处置领导小组办公室视情况协调各职能部门按照职责分工调配应急队伍、应急物资、应急装备，协调解决应急通信等保障工作。

3．Ⅲ级响应

（1）公司应急办公室接收相关部门及地市公司上报的综合信息，必要时向公司应急领导小组汇报。

（2）公司调度自动化系统故障应急办接收相关部门及地市公司上报的故障

信息，关注其按照本单位预案组织应急处置工作效果，必要时汇报公司应急领导小组。

（3）事发单位启用应急指挥中心，按照本预案处置原则及本单位预案开展应急救援、抢修恢复和信息发布工作。

（4）事发单位启动应急值班，开展信息汇总，及时向公司应急办公室报告。

（5）助理、总师带队，有关部门、专家组成工作组，赶赴现场指导参与应急处置。

4．Ⅳ级响应

（1）公司应急办公室接收相关部门及地市公司上报的综合信息，必要时向公司应急领导小组汇报。

（2）公司调度自动化系统故障应急办接收相关部门及地市公司上报的故障信息，关注其按照本单位预案组织应急处置工作效果，必要时汇报公司应急领导小组。

（3）事发单位启用应急指挥中心，按照本预案处置原则及本单位预案开展应急救援、抢修恢复和信息发布工作。

（4）事发单位启动应急值班，开展信息汇总，及时向公司应急办公室报告。

（5）有关部门/机构处室负责人带队，有关部门、专家组成工作组，赶赴现场指导参与应急处置。

6.1.5.5 响应调整。

调度自动化系统故障应急领导小组视故障危害程度、救援恢复能力等综合因素，按照故障分级条件，决定是否调整故障响应级别。

6.1.5.6 响应结束。

调度自动化系统故障应急领导小组视调度自动化系统故障恢复和运行情况，决定是否响应结束。

6.1.6 信息报告

6.1.6.1 报告渠道。

事发单位根据不同故障等级向本单位调度自动化系统故障应急领导小组、

应急办公室、总值班室及上级调度自动化系统故障应急办汇报处置情况。

6.1.6.2 报告内容。

1．预警行动阶段

事发单位向上级调度自动化系统故障应急办报告以下内容。

（1）本单位预警发布、预警行动、预警调整和预警结束情况。

（2）恢复重要变电站有人值守、通信保障、系统应急供电准备情况。

（3）调度自动化应急值班启动情况。

（4）调度自动化系统运行情况及机房环境设施运行或受损情况。

（5）厂站数据通信中断情况。

（6）已采取的预警措施及故障事态发展情况。

（7）应急队伍及应急物资准备情况。

2．应急响应阶段

事发单位向上级调度自动化系统故障应急办报告以下内容。

（1）调度自动化系统故障发生时间、故障范围、故障原因，对人身、电网、设备安全的影响程度。

（2）已采取的先期处置措施及故障发展趋势。

（3）调度自动化系统故障应急队伍、应急物资、应急装备的落实情况。

（4）恢复重要变电站有人值守、通信保障、系统应急供电落实情况。

（5）启用主备调切换等响应行动情况。

（6）本单位启动、调整和结束应急响应情况。

6.1.6.3 报告程序。

1．预警行动阶段

事发单位向上级调度自动化系统故障应急办汇报故障综合信息。各单位应急办公室将信息汇总后向本公司应急领导小组报告。

2．特别重大级、重大级故障响应阶段

事发单位调度自动化系统故障应急办向上级调度自动化系统故障应急办、本单位应急办公室和总值班室报送事件综合信息。

3．较大级、一般级故障响应阶段

事发单位向上级调控中心报送故障专业信息，并由本单位调度自动化系统故障应急办向上级调度自动化系统故障应急办报送故障综合信息。

6.1.6.4 报告要求。

1．预警阶段

预警所涉及的单位应及时向公司调度自动化系统故障应急办报告预警行动信息。其中，接到预警通知当天或 12h 之内，反馈预警行动安排、事件影响和发展趋势信息；预警期内每天定时（17 时前）报告相关信息，重要信息随时报告。

2．应急响应阶段

事发当日，事发单位应急指挥部、公司相关工作组每 2h 向公司应急指挥中心动态报送最新进展信息；第二日，7、11、15、19 时（每 4h）各报送一次；第三日至应急响应结束，7、19 时每 12h 各报送一次。

6.1.7 后期处置

6.1.7.1 善后处置。

调度自动化系统故障应急处置结束后，应密切监视系统运行状态，并应尽快恢复调度自动化系统原有正常运行方式。破坏严重并无法恢复调度自动化系统原有正常运行方式的，事发单位应组织重新建设，并按照新建系统开展验收工作。

6.1.7.2 调查分析。

特别重大级、重大级调度自动化系统故障事件由公司调度自动化故障应急领导小组牵头组织调查，并于 15 日内完成调查报告；较大级、一般级调度自动化系统故障事件由本单位调度自动化故障应急领导小组组织调查，并于 30 日内完成调查报告。

6.1.7.3 总结评估。

事发单位根据调查评估报告，全面总结，落实改进措施，进一步提高调度自动化系统安全稳定运行水平。

6.1.8 应急保障

6.1.8.1 按照“快速反应、保障有力”的原则，建立调度自动化专业应急专家库，规范应急队伍管理，加强应急技能培训，提高突发事件应急处置能力。

6.1.8.2 公司系统各单位应投入必要的资金，建立调度自动化系统故障应急处置所需的备品备件、工器具等应急物资储备，保障各项应急处置措施的顺利实施。

6.1.8.3 加强电网各级备用调度体系的建设，做好备调自动化系统的日常运行监视与维护，健全备用调度体系常态运转机制，保证自动化系统紧急故障时刻备用调度系统能承担核心业务，确保调度机构不间断指挥能力。

6.1.8.4 技术支撑保障体系，通过现场保障和远程技术支持等方式，确保调度自动化系统故障时获取快速、有效的技术支撑保障。

6.1.9 培训和演练

6.1.9.1 公司系统各单位应当将本应急预案作为应急管理培训的重要内容，对与本预案实施密切相关的人员应每年组织开展应急预案培训。各单位应编制应急培训计划，明确培训内容，并纳入公司年度培训计划，积极开展培训工作，培训时间、地点、内容等应如实记入本单位安全生产教育培训档案。

6.1.9.2 各单位应根据本预案建立健全调度自动化系统故障现场应急处置方案，每年至少开展一次调度自动化系统故障应急演练，每半年至少开展一次调度自动化系统故障应急现场处置方案应急演练。

6.1.10 预案修订

按《国家电网有限公司应急预案管理办法》相关要求，本预案至少每三年进行一次适用情况评估，分析评估其针对性、实效性和操作性，实现应急预案的动态优化，并编制评估报告。

当符合下列修订条件之一时，应开展预案修订并重新发布和备案。

（1）调度自动化系统发生重大技术改造的。

（2）隶属关系或管理模式发生变化的。

（3）周围环境发生变化、重大危险源发生变化的。

（4）应急组织指挥体系或者职责已经调整的。

（5）依据的法律、法规和标准发生变化的。

（6）评估报告提出整改要求的。

（7）上级管理部门提出整改要求的。

6.1.11 公司系统应急组织机构和人员信息表

（1）公司调度自动化系统故障应急处置组织结构图如图 6-1 所示。

（2）公司系统应急组织机构人员信息表见表 6-1。

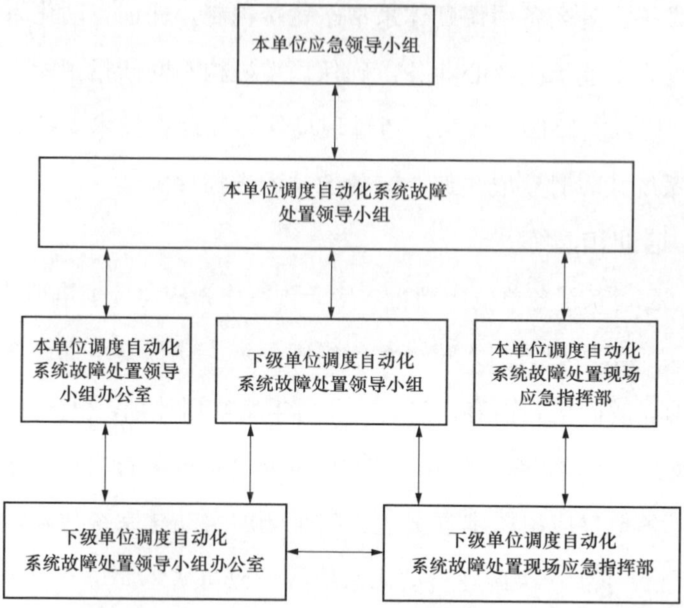

图 6-1 公司调度自动化系统故障应急处置组织结构图

表 6-1 公司系统应急组织机构人员信息表

序号	角色	组成	职责
1	会商领导	公司董事长、总经理	参加重要视频会商，作出重大决策
2	总指挥	分管生产副总经理	负责总体指挥决策工作
3	副总指挥	总经理助理、总工程师、安全总监	协助总指挥负责对调度自动化系统故障应对进行指挥协调；主持应急会商会；必要时作为现场工作组组长带队赴事发现场指导处置工作
4	指挥部成员	调控中心、安监部、设备部、宣传部、后勤部负责人	按职责分工设立相应工作组

续表

序号	角色	组成	职责
5	指挥长	调控中心主任	负责调度自动化系统故障应急处置的统筹组织管理，执行落实总指挥的工作部署，领导指挥总部各工作组，指导协调事发单位开展应急处置工作
6	副指挥长	调控中心副主任	协助指挥长组织做好事件应急处置工作，并在指挥长不在时代行其职责
7	综合协调组	组长：调控中心主任 成员：调控中心、安监部、办公室、后勤部	协调各工作组开展应急处置工作；负责向各工作组传达事故处置进展情况；根据事故情况及时调运应急物资；负责督促各单位做好现场安全管理；负责调度自动化系统故障处置过程中信息收集、汇总、上报、续报工作；按照有关规定完成事故调查等
8	电网调控组	组长：调控中心副主任 成员：调控中心、设备部、互联网部	负责电网调度监控业务系统调整和主备调系统指挥权切换；负责向指挥部汇报应急处置的情况及相关调控信息的统计分析
9	抢修恢复组	组长：调控中心副主任 成员：调控中心、设备部、安监部、物资部	负责现场电网调度自动化系统故障抢修工作的组织、协调工作；了解、掌握突发事件的情况和处理进展，收集统计现场设备损坏、修复信息，及时向指挥部汇报
10	舆情处置组	组长：宣传部主任 成员：宣传部、安监部、营销部	及时收集调度自动化系统故障衍生电网运行有关异常信息，整理并组织新闻报道稿件；拟订新闻发布方案和发布内容，负责新闻发布工作；接待、组织和管理媒体记者做好采访；负责突发事件处置期间的内外部宣传工作
11	技术支撑组	组长：信通公司主要负责人 成员：信通公司、南瑞集团	负责电网调度自动化系统等专业技术支持
12	后勤保障组	组长：后勤部负责人 成员：后勤部	负责人员出入、食宿、医疗卫生、会务等后勤保障

6.2 电力监控系统网络安全事件应急预案

电力监控系统网络安全事件应急预案适用于公司应对和处置由于人为原因、软硬件缺陷或故障、自然灾害等，对电力监控系统或其中的数据造成危害，影响电力监控系统或电网安全稳定运行，对社会造成负面影响的电力监控系统网络安全事件。

本预案指导公司各单位电力监控系统网络安全事件应急预案的编制。

6.2.1 工作原则

（1）统一指挥，分级负责。建立“统一指挥、结构合理、功能实用、运转高效、反应灵敏、资源共享、保障有力”的指挥体系，在公司统一领导下，按照综合协调、专业管理、分级负责、属地为主的要求，开展电力监控系统网络安全事件预防和处置工作。

（2）居安思危，预防为主。加强电力监控系统网络安全管理，落实安全防护标准化管理要求，有效防范重大网络安全事件发生。坚持预防与应急相结合，常态与非常态相结合，做好应对电力监控系统网络安全事件的各项准备工作。

（3）强化基础，提高能力。坚持“安全分区、网络专用、横向隔离、纵向认证”的总体原则，采用先进适用的监测、预警和应急处置技术，不断改进和完善应急装备和手段，提高应对电力监控系统网络安全事件的处置能力。

（4）快速响应，协同处置。发生电力监控系统网络安全事件时，做到快速定位、快速响应，坚持先阻断、后恢复原则，防止网络安全风险扩散，最大限度减少事件造成的危害与影响。整合内外部应急资源，共同开展电力监控系统网络安全事件应急处置工作。

6.2.2 应急指挥机构

6.2.2.1 公司电力监控系统网络安全事件应急指挥机构。

电力监控系统网络安全事件应急领导小组（简称公司电力监控网安应急领导小组）统一组织领导公司电力监控系统网络安全事件的防范及应对工作；针对具体发生的电力监控系统网络安全事件，临时成立的应急指挥部，具体负责指挥协调本次电力监控系统网络安全事件应对处置工作。

1．公司电力监控网安应急领导小组

公司电力监控网安应急领导小组组长由公司分管副总经理担任，副组长由公司总经理助理、总师担任，成员由调控中心、办公室、财务部、安监部、设备部、营销部、互联网部、物资部、宣传部、后勤部等部门主要负责人组成。

公司电力监控系统网络安全事件应急领导小组办公室（简称公司电力监控网络安全应急办）设在调控中心，办公室负责人由调控中心主任兼任，成员由上述相关部门人员组成，负责落实公司电力监控网络安全应急领导小组部署的各项任务，协调相关资源开展预警行动、信息报告、善后处理等工作。

2．公司电力监控系统网络安全事件应急指挥部

电力监控系统网络安全事件发生后成立应急指挥部，应急指挥部设总指挥、副总指挥、指挥长、副指挥长及工作组，实行总指挥负责制。

（1）总指挥由公司分管副总经理担任，负责电力监控系统网络安全事件应急处置的总体指挥决策工作。

（2）副总指挥由公司总经理助理、总师担任，协助总指挥开展指挥协调，主持应急会商，必要时带领工作组赴事发现场指导处置工作。

（3）指挥长由调控中心主要负责人担任，负责应急处置的统筹组织管理，执行落实总指挥的工作部署，领导指挥各应急工作组，指导协调事发单位开展应急处置工作。

（4）副指挥长由调控中心副主任担任，协助指挥长组织做好事件应急处置工作，并在指挥长不在时代行其职责。

应急指挥部是临时机构，针对具体发生的电力监控系统网络安全事件。名称采用“应对＋事件名称＋应急指挥部”方式，事件名称一般根据发生时间和影响范围命名。

6.2.2.2　公司各单位电力监控系统网络安全事件应急指挥机构。

公司各单位电力监控系统网络安全事件应急领导小组及其办公室人员组成参照公司相应机构确定，统一组织领导本单位电力监控系统网络安全事件防范及应对工作。发生电力监控系统网络安全事件时成立应急指挥部，负责指挥协调应急处置工作。

公司各单位应急指挥机构在公司急指挥机构的领导下，指挥、协调区域内电力监控系统网络安全事件应急处置工作。

6.2.2.3　公司各部门。

公司各部门按照职责分工，负责落实公司电力监控网络安全应急领导小组及其办公室部署的电力监控系统网络安全事件应急处置工作，具体职责

如下。

（1）调控中心：负责落实公司电力监控网络安全应急领导小组工作要求，组织、协调公司各部门开展电力监控系统网络安全事件应急处置，并负责电网调度自动化系统和通信网管系统网络安全风险监测和应急处置工作。

（2）办公室：负责应急处置过程中与政府协调和社会维稳工作。

财务部门：负责落实应急物资保障、应急处置及恢复重建相关项目预算和成本费用，以及相关保险理赔事宜。

（3）安监部门：负责电力监控系统网络安全事件应急处置过程中的安全监督管理工作。

（4）设备部门：负责配电自动化系统网络安全风险监测和应急处置工作。

（5）营销部门：负责负荷控制系统（或用电信息采集系统负荷控制相关功能）网络安全风险监测和应急处置工作。

（6）互联网部门：负责公共领域和信息内网网络安全风险监测工作。

（7）物资部门：负责电力监控系统应急物资供应及运输工作。

（8）宣传部门：负责组织信息发布和舆论引导工作。

（9）后勤部门：负责电力监控系统机房电源、消防等基础设施的保障和应急处置工作。

6.2.2.4　现场指挥部。

电力监控系统网络安全事件发生后，事发单位成立现场指挥部，负责现场应急处置和指挥协调工作，指挥部根据事件严重程度，研究是否派出相应负责人、技术专家参与现场指挥部工作。

6.2.2.5　技术支撑单位。

电科院等单位作为公司网络安全技术支撑单位，负责开展系统漏洞和设备缺陷风险信息监测，并提出预警发布建议。

6.2.2.6　应急专家组。

公司各级应急指挥机构应建立电力监控系统网络安全应急专家组，为电力监控系统网络安全事件应对工作提供技术咨询和建议。当发生电力监控系统网络安全事件时，公司根据工作需要派遣相关专家赴现场支援处置工作。

6.2.3 危险源和危害程度分析

6.2.3.1 危险源。

电力监控系统作为关键信息基础设施，具有覆盖范围广、系统复杂、实时性强、安全要求高等特点，存在如下危险源。

（1）人员违规类：外部设备违规接入、系统违规外联、人员恶意操作等。

（2）外部入侵类：病毒传播、黑客入侵、敌对势力集团式攻击等。

（3）软硬件缺陷类：主机、网络、安防设备等硬件存在缺陷或发生故障，操作系统、数据库、应用系统等软件存在缺陷或发生异常。

（4）基础设施故障类：机房电源、空调等基础设施发生故障。

（5）自然灾害类：地震、火灾、洪灾等自然灾害。

6.2.3.2 危害程度分析。

电力监控系统网络安全事件将影响电力监控系统正常运行，导致电力监控系统应用服务中断、网络通信中断、关键数据被窃取或丢失、关键系统被入侵等事故。严重时可能因电力监控系统被恶意控制造成大面积停电，给社会经济带来损失，甚至威胁国家安全。

6.2.4 事件分级

根据电力监控系统网络安全事件的危害程度和影响范围，将电力监控系统网络安全事件分为特别重大、重大、较大、一般四级。

6.2.4.1 特别重大电力监控系统网络安全事件。

因网络安全原因，造成的后果符合下列条件之一者为特别重大电力监控系统网络安全事件：

（1）电力监控系统被恶意控制，造成《国家电网有限公司大面积停电事件应急预案》中定义的较大及以上大面积停电事件。

（2）造成等保四级电力监控系统被网络攻击、恶意代码获取控制权限。

（3）其他对电力生产构成特别严重威胁、造成特别严重影响的电力监控系统网络安全事件。

6.2.4.2　重大电力监控系统网络安全事件。

未构成特别重大电力监控系统网络安全事件，但因网络安全原因，造成的后果符合下列条件之一者为重大电力监控系统网络安全事件：

（1）造成《国家电网有限公司大面积停电事件应急预案》中定义的一般大面积停电事件。

（2）造成等保三级电力监控系统被网络攻击、恶意代码获取控制权限。

（3）造成等保四级电力监控系统主要功能全部失效。

（4）造成等保四级电力监控系统重要敏感信息或关键数据丢失或被窃取、篡改，给电网生产运行造成重大威胁。

（5）其他对电力生产构成严重威胁、造成严重影响的电力监控系统网络安全事件。

6.2.4.3　较大电力监控系统网络安全事件。

未构成重大及以上电力监控系统网络安全事件，但因网络安全原因，造成的后果符合下列条件之一者为较大电力监控系统网络安全事件。

（1）造成局部停电事件，但未达到《国家电网有限公司大面积停电事件应急预案》中定义的一般及以上大面积停电事件。

（2）造成等保二级电力监控系统被网络攻击、恶意代码获取控制权限。

（3）造成等保三级电力监控系统主要功能全部失效。

（4）造成等保三级电力监控系统重要敏感信息或关键数据丢失或被窃取、篡改，给电网生产运行造成重大威胁。

（5）其他对电力生产构成较大威胁、造成较大影响的电力监控系统网络安全事件。

6.2.4.4　一般电力监控系统网络安全事件。

未构成较大及以上电力监控系统网络安全事件，但因网络安全原因，造成的后果符合下列条件之一者为一般电力监控系统网络安全事件：

（1）造成电网一次设备被恶意操控，但未造成停电事件。

（2）造成等保二级电力监控系统主要功能全部失效。

（3）造成等保二级电力监控系统重要敏感信息或关键数据丢失或被窃取、篡改，给电网生产运行造成威胁。

（4）生产控制大区网络与其他网络非法连接，造成网络边界被侵入。

（5）生产控制大区设备感染病毒、蠕虫或木马等恶意代码，造成重要功能失效。

（6）其他对电力生产构成一定威胁、造成一定影响的电力监控系统网络安全事件。

6.2.5 监测预警

6.2.5.1 风险监测。

（1）系统运行风险信息：公司各单位按照“谁主管谁负责、谁运行谁负责”的基本原则，通过电力监控系统主机、数据库、网络和安防设备的运行日志、告警、审计等信息进行监测与分析，获取系统运行风险信息。

（2）设备缺陷风险信息：电科院等检测机构负责对电力监控系统新设备和在运设备开展网络安全漏洞检测，及时向公司各单位发布设备缺陷信息。

（3）公共网络风险信息：互联网部负责分析研判政府相关部门下发的网络安全风险预警，及时共享可能危及电力监控系统安全的风险信息。

6.2.5.2 预警分级。

电力监控系统网络安全事件预警等级分一、二、三、四级，一级为最高级别，分别用红色、橙色、黄色和蓝色表示。预警级别确定可采取以下方式。

（1）经综合分析，可能发生特别重大、重大、较大、一般电力监控系统网络安全事件时，分别对应一级、二级、三级、四级预警。

（2）公司电力监控网络安全应急领导小组根据可能导致的电力监控系统网络安全事件影响范围、严重程度和社会影响，确定预警等级。

6.2.5.3 预警研判和发布。

（1）各单位负责本单位突发事件预警发布和管理，并将预警发布信息、预警行动情况和预警结束信息向公司安全应急办公室报告。

（2）调控中心根据职责全面跟踪监测电力监控系统网络安全事件风险，做好分析研判，及时向涉及的单位发布专业预警或预报，并将情况上报公司安全应急办公室。

（3）公司电力监控系统网络安全应急领导小组办公室收集汇总各类信息，与相关部门会商研判后，事件级别预判为特别重大、重大时，撰写预警通知初稿，提出预警建议，报公司分管领导同意后，由电力监控系统网络安全应急领导小组办公室负责人签发，牵头开展预警响应工作，并报备公司安全应急办；事件级别预判为较大、一般，撰写预警通知初稿，经电力监控系统网络安全应急领导小组办公室负责人签发后开展预警响应工作，并报备公司安全应急办。

1）发布范围：公司相关部门、信通分公司、可能受影响的地市公司、有关直属单位等。

2）发布形式：公司电力监控系统网络安全应急领导小组办公室通过协同办公系统、安监管理一体化平台、应急指挥信息系统、内网邮件、传真等方式发送至各单位并予以确认。

（4）公司系统各级单位应参照明确本单位预警发布程序。

6.2.5.4 预警行动。

1．红色、橙色预警行动

（1）公司电力监控网络安全应急办开展应急值班，和相关部门密切关注事态发展情况，组织专家和相关机构进行会商和评估，研究制订防范措施，必要时向公司电力监控网络安全应急领导小组报告。

（2）公司相关部门加强电力监控系统网络安全风险监测和信息收集工作，必要时组织公司相关单位实行每日工作零报告制度。

（3）预警涉及的公司相关单位电力监控系统网络安全应急办实行 24h 值班，相关人员保持通信联络畅通，异常情况及时上报。

（4）预警涉及的公司相关单位依托网络安全管理平台等技术手段，加强风险信息监测，检查备调和备用通道，确保备用系统的可用性。必要时可采取断开生产控制大区网络延伸节点、停用存在网络安全风险的监控系统等措施，有效防止发生电力监控系统网络安全事件。

2．黄色、蓝色预警行动

（1）公司电力监控网络安全应急办和相关部门组织收集相关信息，密切关注事态发展情况并进行跟踪研判，必要时向公司电力监控网络安全应急领导小组报告。

（2）公司相关部门督促相关单位根据预警内容做好针对性的应急准备工作。

（3）预警涉及的公司相关单位根据预警发布单中的预警内容和建议防护措施等，组织对预警涉及的系统采取漏洞修复、访问控制等安全加固措施。

（4）预警涉及的公司相关单位组织本公司相关部门人员加强网络安全风险监测和信息收集工作，对事态发展情况进行跟踪研判，重要情况应及时汇报公司电力监控网络安全应急办和相关部门。

6.2.5.5 预警调整和解除。

公司电力监控网络安全应急办根据预警阶段电力监控系统运行情况、预警行动效果，提出预警级别调整或解除建议，经公司电力监控网安应急领导小组批准，由公司安全应急办发布。如进入应急响应状态，则预警自动解除。

6.2.6 应急响应

6.2.6.1 先期处置。

（1）电力监控系统网络安全事件发生后，事发单位立即对安全形势及影响范围进行评估，根据现场处置预案进行处置，尽量缩小和减轻事件影响，并及时向上级单位汇报处置情况，必要时可以越级上报。

（2）当电力监控系统网络安全事件存在大面积传播风险时，事发单位应采取调整网络边界防护策略或断开数据网络等措施，有效抑制风险扩散。

（3）公司电力监控网络安全应急办和相关部门密切关注事件发展态势，掌握事发单位先期处置效果。

6.2.6.2 响应启动。

（1）事发单位启动本单位应急响应，并立即向公司电力监控网络安全应急办和安全应急办汇报。

（2）公司电力监控网络安全应急办接到事发单位启动应急事件响应的报告

后，立即汇总相关信息，分析研判，向公司安全应急办提出对事件的定级建议，公司安全应急办接到信息报告并核实后，向公司电力监控网安应急领导小组报告，提出应急响应建议，经同意后启动应急响应，成立应急指挥部，并通知指挥长、相关部门、事发单位组织开展应急处置工作，并组织启动应急指挥中心及相关信息支撑系统。

（3）因电力监控系统网络安全事件导致大面积停电、电力监控系统功能失效等事件时，应启动相关专项应急预案进行处置。

（4）接到电力监控系统网络安全事件应急响应通知后，指挥长、指挥部成员、工作组成员、事发单位及涉及单位有关人员应在工作时间 30min 内、非工作时间 60min 内到岗到位。出差、休假等不能参加的，由临时代理其工作的人员参加。

6.2.6.3　应急响应。

1．特别重大事件响应

（1）召开公司电力监控网安应急领导小组会议，就相关重大应急问题做出决策和部署，组织协调公司相关部门开展电力监控系统软硬件物资供应、应急处置工作，并立即向公司应急领导小组汇报。

（2）立即启动公司应急指挥部，指挥部进入 24h 应急值守状态，开展事件信息汇总。

（3）公司电力监控网安应急领导小组主要负责人组织专家、公司相关部门人员赶赴现场，指导协调应急处置工作。

（4）必要时，公司电力监控网安应急领导小组组织公司相关部门开展信息对外披露及舆论引导工作。

（5）公司安全应急办、互联网部与政府相关部门联系沟通，汇报相关情况，必要时请求政府相关部门支援。

（6）事发单位启动应急指挥部，开展 24h 值班，在公司应急指挥部统一指挥下，负责本区域内现场处置、支援保障和信息报送等工作。

（7）电力监控系统网络安全事件导致电力监控系统不可用时，事发单位应采取必要的临时措施，如启用备调、恢复现场值守等，确保电网正常运行。

2．重大事件响应

（1）召开公司电力监控网安应急领导小组会议，就相关重大应急问题做出决策和部署。开展视频会商，组织协调公司相关部门开展电力监控系统软硬件物资供应、应急处置工作，必要时向公司应急领导小组汇报。

（2）立即启动公司应急指挥部，应急指挥中心进入24h应急值守状态，开展事件信息汇总。

（3）指派相关负责人、专家、公司相关部门人员赶赴现场，指导协调应急处置工作。

（4）必要时，公司电力监控网安应急领导小组组织公司相关部门开展信息对外披露及舆论引导工作。

（5）必要时，公司安全应急办、互联网部与政府相关部门联系沟通，汇报相关情况。

（6）事发单位启动应急指挥部，开展24h值班，在公司应急指挥部统一指挥下，负责本区域内现场处置、支援保障和信息报送等工作。

（7）电力监控系统网络安全事件导致电力监控系统不可用时，事发单位应采取必要的临时措施，如启用备调、恢复现场值守等，确保电网正常运行。

3．较大事件响应

（1）公司电力监控网络安全应急办组织公司相关部门及时跟踪事件发展情况，收集汇总分析事件信息，协调相关应急工作，必要时向公司电力监控网安应急领导小组汇报。

（2）事发单位启动应急指挥部，开展24h应急值班，组织相关部门和技术人员采取调整安全策略、漏洞修复或者断网隔离等方式开展应急处置。

（3）事发单位做好信息汇总和报送工作，必要时可组织相关部门与当地政府部门做好信息沟通。

4．一般事件响应

（1）公司电力监控网络安全应急办组织公司相关部门及时跟踪事件发展情

况，收集汇总分析事件信息，协调相关应急工作。

（2）事发单位启动本单位应急指挥部，开展应急值班，组织相关部门和技术人员采取调整安全策略、漏洞修复或者断网隔离等方式开展应急处置。

（3）事发单位做好信息汇总和报送工作，必要时可组织相关部门与当地政府部门做好信息沟通。

6.2.6.4　响应调整。

公司电力监控网络安全应急领导小组或应急指挥部视事件危害程度、救援恢复能力和社会影响等综合因素，依据事件分级标准，决定是否调整事件响应级别。

6.2.6.5　响应结束。

当受影响的电力监控系统主要业务功能和重要数据已恢复，安全风险得到有效控制，应急指挥部提出结束应急响应建议，经总指挥批准后，宣布应急响应结束。

6.2.7　信息报告

6.2.7.1　报告程序。

1．预警阶段

预警涉及的公司相关单位向公司相关部门报告专业信息，向公司电力监控网络安全应急办报告综合信息，向公司大面积停电应急办报告停电信息。相关部门收集汇总本专业信息，向公司电力监控网络安全应急办提交专业工作情况。

必要时，公司电力监控网络安全应急办汇总预警行动信息后向公司电力监控网络安全应急领导小组报告，公司安全应急办和互联网部依据相关要求报告政府相关部门。

2．应急响应阶段

（1）特别重大、重大事件应急响应阶段。

1）事发单位及时向相关部门报告专业信息，向公司电力监控网络安全应急指挥部报告综合信息。

2）公司电力监控网络安全应急指挥部汇总相关信息，并将重要情况向公司电力监控网络安全应急领导小组报告。

3）必要时，经公司电力监控网络安全应急领导小组批准，公司安全应急办和互联网部向政府和相关单位报告相关信息。

（2）较大、一般事件应急响应阶段。

1）事发单位向公司相关部门报告专业信息，向公司电力监控网络安全应急办报告综合信息。

2）必要时，公司电力监控网络安全应急办向公司电力监控网络安全应急领导小组报告。

6.2.7.2 报告内容。

1．预警阶段

（1）预警的发布、调整和结束情况。

（2）预警涉及单位的电力监控系统运行情况、风险发展趋势和已采取的措施等信息。

2．应急响应阶段

（1）电力监控系统网络安全事件发生的时间、地点和影响范围，事件描述及原因分析，对公司及社会的影响，已采取的措施等。

（2）系统受损情况，事件处置进展及发展趋势，应急技术力量、备品备件需求等情况。

6.2.7.3 报告要求。

1．预警阶段

涉及的单位应及时向公司电力监控系统网络安全应急办报告预警行动信息。其中，接到预警通知当天或12h之内，反馈预警行动安排、事件影响和发展趋势信息；预警期内每天定时（17时前）报告相关信息，重要信息随时报告。

2．应急响应阶段

（1）事发单位发生电力监控系统网络安全事件时，应在30min内通过电话、传真、邮件、短信等形式向公司安全应急办、电力监控网络安全应急办和相关部门报告信息。内容包括事发事件、地点、基本经过、涉及单位以及先期处置情况等概要信息。及时报告后2h内上报书面信息。

（2）特别重大、重大电力监控系统网络安全事件响应执行每天定点零报告制度。

（3）应急响应结束后，事发单位3个工作日内形成《电力监控系统网络安全事件报告》并报送至公司电力监控网络安全应急办和相关部门。

6.2.7.4 信息发布。

电力监控系统网络安全事件发生后，如对社会公共安全造成影响，宣传部按政府相关要求，做好信息发布工作。

6.2.8 后期处置

6.2.8.1 善后处置。

（1）事发单位应认真开展系统、设备安全隐患排查和治理工作，整理受损系统、设备资料，及时更新网络拓扑结构和设备台账信息，做好系统数据备份工作。

（2）事发单位应尽快恢复电力监控系统正常的部署和配置方式，加快主用系统的恢复抢修，取代应急响应中的临时措施。对于破坏严重且无法立即恢复的电力监控系统，应制订系统重建方案并尽快实施。

6.2.8.2 保险理赔。

事发单位应及时核实统计系统和设备损失情况，对于已投保的系统和设备，及时做好出险通知、证据搜集、现场保护等工作，经公司核实后，由事发单位财务部门牵头按保险合同进行理赔。

6.2.8.3 事件调查。

电力监控系统网络安全事件应急响应结束后，除按照政府部门要求配合进行事件调查外，还应按照《国家电网公司安全事故调查规程》组织开展事件调查。重大及以上电力监控系统网络安全事件由公司组织事件调查；较大及以下电力监控系统网络安全事件由事发单位组织事件调查，调查结果上报公司。

事件调查报告应包括事件过程描述、事件原因分析、事件责任认定及整改措施等。事件的调查处理工作原则上在应急响应结束后30天内完成。

6.2.8.4 处置评估。

电力监控系统网络安全事件应急响应结束后，公司电力监控网络安全应急办对事件处置工作组织开展评估，重点评估应急指挥、应急响应、系统恢复、信息报告等环节，总结经验教训，分析查找问题，提出整改措施，及时修订应急预案的不足之处，形成处置评估报告。

事发单位应做好应急处置全过程资料收集保存工作，主动配合评估调查，并对应急处置评估调查报告相关建议和问题进行闭环整改。事件的处置评估工作原则上在应急响应结束后 30 天内完成。

6.2.9 保障措施

6.2.9.1 应急队伍。

在公司现有电力监控系统网络安全专业相关机构和人员的基础上，按照“平战结合、反应快速”的原则，组建各级电力监控系统网络安全事件应急处置队伍和现场指挥队伍。

依托电科院等单位高层次网络安全人才，组建网络渗透队伍和应急专家库，常态化开展网络渗透测试与预警信息研判工作，并在发生电力监控系统网络安全事件时提供技术支撑。

6.2.9.2 应急物资。

公司建立电力监控系统及其安全防护应急物资的储存、调拨机制，定期开展应急物资质量抽检，确保电力监控系统网络安全事件应急所需物资装备的可靠供应。物资部门负责应急物资供应及运输工作，应急物资应就近储备，以确保应急抢修速度。

各单位相关责任部门应加强对电力监控系统应急物资的管理，定期进行检验，保证应急物资装备正常可用。

6.2.9.3 容灾备份。

各单位应做好系统容灾机制，做好备用调度、备用系统的建设和运维工作，确保发生电力监控系统网络安全事件时，备用设施能顺利启用，最大限度减少电力监控系统网络安全事件的危害与影响。

完善数据备份机制，对重要业务系统数据定期开展在线备份、离线备份和数据恢复检查工作，确保发生电力监控系统网络安全事件时数据能够快速恢复。

6.2.9.4　通信与信息。

公司各单位应建立应急通信网络，为应急通信联络、信息交换和信息披露渠道的畅通提供技术支持和服务。

6.2.9.5　技术保障。

加强电力监控系统应急理论和技术的研究与应用，提高电力监控系统网络安全事件监测与防控能力，采用新技术、新装备提高电力监控系统安全防护水平。

6.2.9.6　经费保障。

公司应为电力监控系统网络安全事件应急处置提供必要的资金保障。各单位用于应急处置、应急培训、应急演练、应急设备购置、应急技术支持等应急经费应纳入本单位年度财务预算管理，保证应急工作和处置需求。

6.2.10　预案管理

6.2.10.1　预案培训。

公司系统应加强应急理论知识和技能学习，加强网络安全防护技能培训，不断提高电力监控系统网络安全事件的处置能力和指挥协调能力。各市公司（直属单位）要将应急专业培训列入年度培训计划，积极组织开展培训工作。

6.2.10.2　预案演练。

公司各单位应每年组织开展应急演练，检验本预案的有效性，提升应急指挥协调、应急处置和应急措施保障能力。

6.2.10.3　预案备案。

按照公司应急预案管理办法做好备案工作。

6.2.10.4　预案修订。

应急预案原则上每三年至少修订一次；当国家、公司关于电力监控系统网络安全工作的要求以及电力监控系统自身或运行环境发生变化时，应及时修订本预案。

6.2.11 电力监控系统网络安全事件应急响应流程

电力监控系统网络安全事件应急响应流程图如图 6-2 所示。

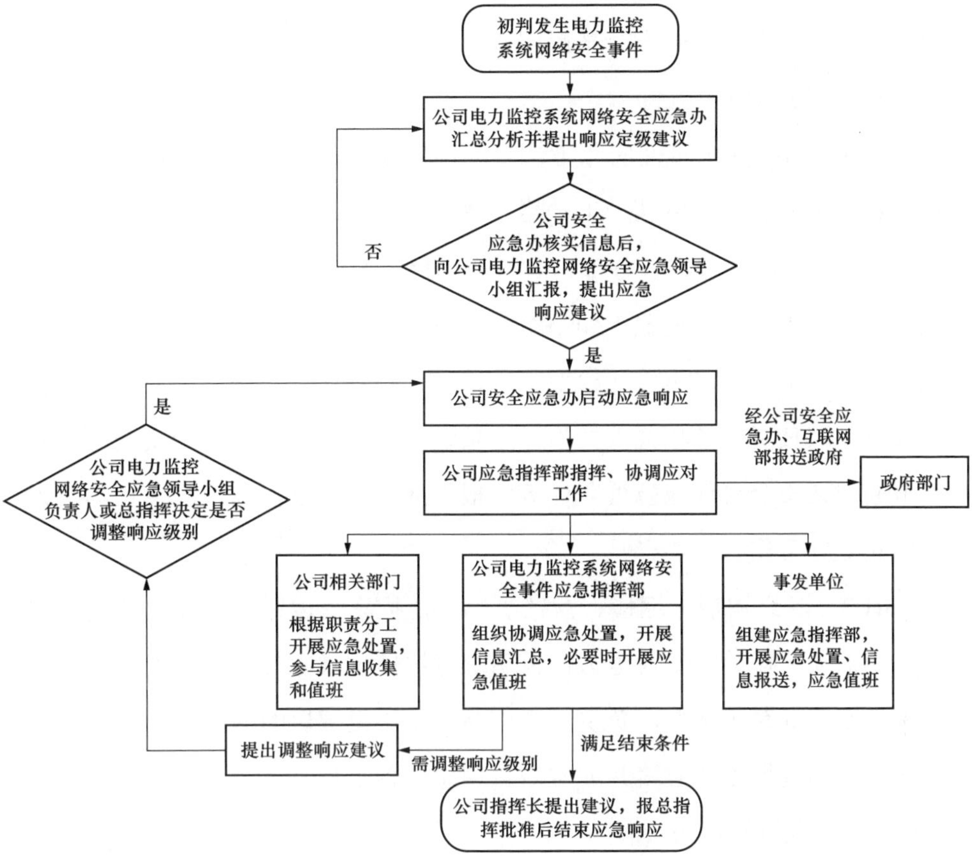

图 6-2 电力监控系统网络安全事件应急响应流程图

6.3 电力监控系统网络安全事件应急工作规范

按照“谁主管谁负责、谁运营谁负责”的原则，建立健全网络安全事件应急工作机制。各级调控机构是本单位网络安全事件应急的归口管理部门，负责调度控制系统和变电站监控系统网络安全事件的应急处置。各级运检、营销部门分别负责配电自动化系统、负荷控制系统网络安全事件的应急处置。

发生网络安全事件时，应快速发现并定位事件原因，立即隔离危险源，杜绝网络安全风险蔓延，最大限度减少网络安全事件的危害与影响，通过启用备调、备用设备等方式优先恢复系统和网络功能。

根据《国家电网公司电力监控系统网络安全运行管理规定》，网络安全事件分为特别重大、重大、较大、一般四级。

6.3.1 应急组织机构

6.3.1.1 网络安全事件应急工作是公司专项应急事项，在公司各级应急领导小组和安全应急办公室领导下开展工作。

6.3.1.2 公司总部、各分部，省（自治区、直辖市）公司和地（市）公司成立网络安全事件应急处置工作小组（以下简称“应急工作小组”），组长由调控机构负责人担任，成员由运检部、营销部、检修单位、信通公司、电科院等部门（单位）负责人及相关人员担任，负责落实应急领导小组和安全应急办公室部署的网络安全事件应急处置任务，根据网络安全事件专项应急预案组织跨专业应急处置工作。

6.3.1.3 各级调控、运检、营销等电力监控系统运行管理部门分别组织检修单位、信通公司等本专业电力监控系统运维单位成立专业应急处置小组（以下简称“专业处置小组”），负责落实应急工作小组部署的网络安全事件应急处置任务，根据现场处置方案开展本专业应急处置工作。

6.3.2 监测与预警

6.3.2.1 风险监测。

1．监测信息

运行风险信息：电力监控系统主机、网络、安防设备运行日志、告警、审计等信息。

漏洞预警信息：国家信息安全漏洞共享平台、国家互联网应急中心、国家网络与信息安全信息通报中心等专业机构以及公司红队、重要厂商、网站发布的漏洞和预警。

公共风险信息：公安机关、能源监管机构等上级主管部门的网络安全通报，以及其他有关单位或部门的通知等信息。

2．监测机构

各级专业处置小组负责监测运行风险信息，联研院负责监测漏洞和预警信息。

3．风险报告

各级风险监测机构应将监测到的重要风险信息报应急工作小组和相关专业处置小组。

6.3.2.2　预警分级。

网络安全预警分为四级，由高到低依次用红色、橙色、黄色和蓝色表示，分别对应可能发生特别重大、重大、较大和一般网络安全事件。

6.3.2.3　预警发布。

蓝色预警由专业处置小组发布，同时报应急工作小组；黄色预警由应急工作小组发布；针对可能导致特别重大和重大网络安全事件的风险信息，应急工作小组应及时汇报应急领导小组，由应急领导小组发布红色及橙色预警（电力监控系统网络安全风险预警发布单模板见附表 4-1）。

6.3.2.4　预警响应。

（1）红色、橙色预警响应。

1）预警涉及单位的应急工作小组、相关专业处置小组开展应急值班，重要信息报应急领导小组。

2）预警涉及单位的相关专业处置小组加强系统巡视、运行监测和安全加固工作，采取有效措施控制事态发展。

3）预警涉及单位的有关人员进入待命状态，确保备调、备用设备和备用网络通道可用，设备备件充足。必要时可提请上级单位支援。

（2）黄色、蓝色预警响应。

预警涉及单位的相关专业处置小组做好巡视、监测、安全加固等工作，确保备用设备和备用网络通道可用。

蓝色预警由专业处置小组发布，同时报应急工作小组；黄色预警由应急工作小组发布；针对可能导致特别重大和重大网络安全事件的风险信息，应急工作小组应及时汇报应急领导小组，由应急领导小组发布红色及橙色预警（电力监控系统网络安全风险预警发布单模板见附表 4-1）。

6.3.2.5　预警调整及解除。

按照“谁发布、谁调整，谁发布、谁解除”的原则，预警发布单位可根据预警阶段电力监控系统运行情况、预警行动效果，调整预警级别或解除预警，有关情况报应急工作小组。如进入应急响应状态，则预警自动解除。

电力监控系统网络安全预警发布和响应流程见附表 4-2。

6.3.3　应急响应

6.3.3.1　响应分级。

网络安全事件应急响应分为Ⅰ、Ⅱ、Ⅲ级，分别对应发生重大及以上、较大和一般网络安全事件。

6.3.3.2　响应启动。

（1）发生重大及以上网络安全事件，由事发单位应急领导小组启动Ⅰ级响应。

（2）发生较大网络安全事件，由事发单位应急工作小组启动Ⅱ级响应。

（3）发生一般网络安全事件，由事发单位相关专业处置小组启动Ⅲ级响应。

（4）因网络安全事件导致发生大面积停电事件时，应汇报至总部应急领导小组启动《国家电网公司大面积停电事件应急预案》进行处置。

6.3.3.3　响应行动。

（1）Ⅰ级响应行动。

1）事发单位召开应急领导小组会议，就有关重大应急问题做出决策和部署，应急工作小组和相关专业处置小组按照要求进入 24h 应急值守状态。

2）应急工作小组和相关专业处置小组根据专项应急预案和现场处置方案组织开展应急处置，按需及时启用备调、备用设备或备用网络通道。

3）应急工作小组及时将应急处置情况报上级单位，上级单位视事态发展情况及影响范围确定是否需要启动更大范围的应急响应工作。

（2）Ⅱ级响应行动。

事发单位应急工作小组和相关专业处置小组根据专项应急预案和现场处置

方案组织开展应急处置，有关专业处置小组开展应急值守。应急工作小组汇总分析事件信息，重要信息逐级上报。

（3）III级响应行动。

事发单位有关专业处置小组根据现场处置方案开展应急处置工作，重要信息报应急工作小组。

6.3.3.4 响应调整和结束。

响应行动启动后，事发单位应按照“谁启动、谁调整，谁启动、谁结束”的原则，及时根据事件危害程度的变化，调整事件响应级别。在事件及其衍生的其他风险得到有效解决的情况下，应及时结束应急响应。电力监控系统网络安全事件应急响应及报告流程见附表4-3。

6.3.4 信息报告

6.3.4.1 报告程序。

（1）预警阶段。

1）预警发布单位按预警级别逐级上报，红色、橙色预警报至总部，黄色预警报至分部，蓝色预警报至省公司。

2）预警涉及单位向预警发布单位报告响应行动情况。

（2）应急响应阶段。

1）发生一般网络安全事件，应在1h内报告本级应急工作小组，并逐级上报至省级应急工作小组。

2）发生较大网络安全事件，应在30min内报告本级应急工作小组，并逐级上报至分部应急工作小组。

3）发生重大、特别重大网络安全事件，应在15min内报告本级应急工作小组，由应急工作小组报告应急领导小组，同时逐级上报至总部应急工作小组。特别重大网络安全事件由总部应急工作小组报告总部应急领导小组及总部网信领导小组。

应急响应结束后，事发单位3个工作日内报送《电力监控系统网络安全事件报告》，重大及以上网络安全事件报至总部应急工作小组，较大网络安全事件报至分部应急工作小组，一般网络安全事件报至省级应急工作小组（电力监控系统网络安全事件报告模板见附表 4-4）。

网络安全事件应急响应分为Ⅰ、Ⅱ、Ⅲ级，分别对应发生重大及以上、较大和一般网络安全事件。

6.3.4.2　报告内容。

（1）预警阶段。

1）预警的发布、调整和结束情况。

2）预警涉及单位的电力监控系统运行情况、风险发展趋势和已采取的措施等信息。

（2）应急响应阶段。

1）网络安全事件发生的时间、地点和影响范围，事件描述及原因分析，对公司及社会的影响，已采取的措施等。

2）系统受损情况，事件处置进展及发展趋势，应急技术力量、备品备件需求等情况。

6.3.5　后期处置

6.3.5.1　善后处置。

（1）事发单位整理受损系统、设备资料，及时更新网络拓扑结构和设备台账信息，做好系统数据备份。

（2）事发单位尽快恢复系统正常运行方式，取代应急处置中采取的临时措施。

（3）事发单位认真开展隐患排查和治理工作，避免再次发生同类事件。

6.3.5.2　事件调查。

网络安全事件的调查依照公司安全事故调查相关规定执行。

6.3.5.3　应急处置评估。

应急处置结束后，上级应急工作小组应对事发单位网络安全事件应急处置情况进行评估，重点评估应急指挥、应急响应、系统恢复、信息报告等环节。重大及以上事件由总部组织评估，较大事件由分部组织评估，一般事件由省公司组织评估。

6.3.6 预案管理

6.3.6.1 各级应急工作小组负责组织编制网络安全事件专项应急预案，各专业处置小组负责编制网络安全事件现场处置方案。

6.3.6.2 专项应急预案的评审和实施由本单位调控机构负责组织。现场处置方案的评审和实施，由本单位各专业运行管理部门负责组织。

6.3.6.3 各单位每年应至少组织一次应急演练，重点加强联合演习，验证预案的有效性和操作性。

6.3.6.4 应急预案每三年至少修订一次；当电力监控系统自身或运行环境发生变化时，应及时修订应急预案。

第 7 章　典型违章及事故案例分析

本章依据《国家电网公司电力安全工作规程》、“十不干”、十八项反措等相关规程、标准及制度，系统介绍了典型违章现场及应对措施，列出调度自动化专业常见的各类违章现象，选取九个典型的事故案例开展具体分析。

7.1　典型违章现象及应对措施

7.1.1　管理违章

（1）突发事件应急机制不完善。

违章内容：违反《国家电网公司安全工作规定》第四条“应建立和完善应急管理体系，构建事前预防、事中控制、事后查处的工作机制”。

应对措施：强化应急机制建设，建立完备预案体系，应急预案内容应具体、翔实、可操作性强；定期组织开展预案的应急演练工作，并加强对演练的分析，及时查找存在的问题，提出预案及演练的改进意见。

（2）外来支撑人员管理不到位。

违章内容：违反国家电网公司《国家电网公司安全工作规定》第四十三条“外来工作人员必须经过安全知识和安全规程的培训，并经考试合格后方可上岗”。

应对措施：建立健全外来支撑人员登记，安全资质检查审核制度，对外来支撑人员进行安全、保密和其他纪律教育，组织进行安全知识考试，经考试合格后方能开展工作；外来支撑人员在调控机构工作期间必须悬挂格式统一的身份标识牌；对现场施工的危险点及注意事项应交代清楚，并设专人监督。

（3）自动化机房、蓄电池室、UPS 室等生产场所防火安全管理不到位。

1）违章内容：违反《国家电网公司电网设备消防管理规定》第二十条“各级电网设备消防管理部门应及时消除电网设备存在的火灾隐患，对违反消防安全规定的情况，应责成有关人员立即整改”。

2）应对措施：防火场所设置明显的消防警示标志，定期检查消防栓、灭火器材；禁止在调控大厅、自动化机房等生产场所吸烟、使用明火等；妥善管理手机等电子充电设备，下班离开办公室前应切断电器电源。

（4）备调预案体系不健全。

1）违章内容：违反《国家电网公司省级以上备用调度运行管理工作规定》第二十九条“（一）主调应针对可能发生的突发事件及危险源制订备调启用专项应急预案。（二）备调所在地的调控机构应制订以下预案（方案）：1.备调场所突发事件应急预案；2.备调技术支持系统故障处置方案；3.备调通信系统故障处置方案”。

2）应对措施：严格落实预案管理相关规定，根据主备调实际情况制订备调启用专项应急预案和各项处置方案，定期开展滚动修编和全面修订。

（5）备调应急演练管理不到位，未定期开展主、备调系统切换演练或演练后未开展评估。

1）违章内容：违反《国家电网公司调控机构安全工作规定》第六十一条“调控机构应每年制订备调演练计划，组织开展相应业务演练层面的月度演练、季度演练和年度演练”。

2）应对措施：每月组织一次调控运行、自动化、通信专业参与的专业演练；每季度组织一次全专业参与的备调短时转入应急工作模式、调控指挥权不转移的整体演练；每年组织一次全专业参与的备调短时转入应急工作模式、调控指挥权转移的整体演练；演练结束后各专业进行评估，对发现的问题限期整改。

（6）风险管理不健全，未建立风险预警机制，未开展安全保障能力评估。

1）违章内容：违反《国家电网公司调控机构安全工作规定》第四十条“应全面实施安全风险管理，推行安全管理标准化，对各类安全风险进行超前分析和流程化控制”。

2）应对措施：调控机构应针对技术支持系统和场所环境中存在的隐患、缺陷和问题，组织安全保障能力评估、隐患排查治理、安全大检查等工作，系统辨识安全风险，落实整改治理措施；应按照公司安全生产保障能力评估标准，定期开展自查评工作，针对存在的问题制订整改计划并落实整改。

（7）自动化机房无运行管理规范，出入无审批、不记录。

1）违章内容：违反国家电网公司《电力调度自动化系统运行管理规定》第十九条“自动化管理部门和子站运行维护部门应制订相应的自动化系统运行管理规范，内容应包括：运行值班和交接班、机房管理”。

2）应对措施：制订自动化系统运行管理规范，建立机房出入管理制度和工作流程。定期检查制度执行情况，对违规行为进行考核，确保规章制度有效落实。

（8）未建立电力监控系统安全防护管理制度，未落实分级负责的责任制。

1）违章内容：违反《电力监控系统安全防护规定》第十四条“建立健全电力监控系统安全防护管理制度”。

2）应对措施：按照《电力监控系统安全防护规定》的要求，完善本单位电力监控系统安全防护管理制度，明确责任部门，设立专兼职岗位，定义岗位职责，明确人员分工和技能要求。加强对下一级调度机构、变电站、发电厂涉网部分电力监控系统安全防护的技术监督。

（9）电力监控系统未开展安全防护评估工作，未及时进行等级保护测评。

1）违章内容：违反《电力监控系统安全防护规定》第十六条“建立健全电力监控系统安全防护评估制度，采取以自评估为主、检查评估为辅的方式，将电力监控系统安全防护评估纳入电力系统安全评价体系”。

2）应对措施：完善自评估、检查评估制度，常态化开展评估和检查工作。建立等级保护备案机制，定期开展等级保护测评。对等级保护测评中发现的问题及时制订整改方案，并督促检查整改落实情况。

7.1.2　行为违章

（1）安全目标分解不到位。

1）违章内容：违反《国家电网公司调控机构安全工作规定》第十五条“根据本岗位的安全职责制订，应具有针对性、层次性，实行多层级控制”。

2）应对措施：结合专业实际和岗位层级，分解、制订自动化专业安全目标，分层级签订安全生产责任书，同时将安全生产责任书在调控安全管控平台系统挂载发布。

（2）规程、技术标准和专业实施细则未及时修编，执行不到位。

1）违章内容：违反《国家电网公司调控机构安全工作规定》第二十五条“调控机构应规范直调系统运行及专业实施细则的建设，定期修编各类实施细则，保证其实效性和可操作性”。

2）应对措施：调度管理规程应：3～5 年修订一次，其他有关规程、规定、制度按照要求及时补充和修订；建立分级分类目录，并将目录和相关文件在调控安全管控平台系统发布。

（3）人员培训制度未落实，未制订培训计划、未及时组织培训。

1）违章内容：违反《国家电网公司调控机构安全工作规定》第二十八条“调控机构应每年制订安全生产教育培训计划，建立培训考核机制，定期培训，保证员工具备适应岗位要求的安全知识和安全技能”。

2）应对措施：制订各专业人员的培训计划并组织实施，安全培训教育内容应至少包括《国家电网公司安全工作规定》《国家电网公司安全事故调查规程》《电力安全工作规程》等规程规定和事故案例，并结合调控运行特点和调控日常业务开展安全学习。

（4）安全隐患排查治理不到位，未及时开展或制订整改计划、未落实整改措施。

1）违章内容：违反《国家电网公司调控机构安全工作规定》第四十六条“调控机构应定期开展调度自动化专业的隐患排查和治理工作”。对发现的安全问题进行评估，并建立信息库和“发现、评估、建档、治理、验收、销号”的整改流程，实现全过程动态监控和：“一患一档”管理。

2）应对措施：结合调度各类安全性评价、安全标准化查评等工作，定期开展安全大检查活动，对排查出的安全隐患制订整改计划并监督实施，对整改结果进行分析、总结，实现隐患排查治理的闭环管控。

（5）应急预案没有及时更新，上下级调控预案不协调。

1）违章内容：违反《国家电网公司调控机构安全工作规定》第五十四条“每年结合实际对调控机构各项预案、处置方案进行一次评估，根据评估结果，及时组织预案修订工作”。

2）应对措施：根据应急法律法规和有关标准变化情况、电网安全评价结论以及应急处置情况等，每年对应急预案进行评估，根据评估结果及时组织修订；调度应急预案涉及多个调控中心的，由上级调控中心组织共同研究和统一协调应急过程中的处置方案，明确上下级调控中心协调配合要求。

（6）应急预案针对性和实用性不强。

1）违章内容：违反《国家电网公司应急预案管理办法》第九条“应急预案的内容应突出实际、实用、实效的原则”。

2）应对措施：预案编制应结合本网实际，依据有关方针政策、法律、法规、规章、制度、标准开展编制，应急预案内容应具体、翔实、具有针对性，措施应符合实际，操作性强。

（7）未定期开展反事故演习及应急演练。

1）违章内容：违反《国家电网公司调控机构安全工作规定》第五十五条“省级以上调控机构应定期组织反事故演习”。

2）应对措施：建立定期反事故演习制度，每年至少进行 1 次两级及以上调控机构参加的联合反事故演习，反事故演习使用调度员仿真培训系统。

（8）未开展反事故演习后评估或分析评估内容不完备。

1）违章内容：违反《国家电网公司调控机构安全工作规定》第五十五条“联合反事故演习应组织相关人员现场观摩，并开展反事故演习后评估”。

2）应对措施：定期开展反事故演习，演习后应组织导演，参演，观摩人员开展演习评估，演习评估应至少包含演习方案，处理主要步骤，演习点评三大部分，评估切实结合演习及电网运行实际，评点不足，突出实战效果。

（9）未定期召开安全分析会，未定期开展安全日活动。

1）违章内容：违反《国家电网公司调控机构安全工作规定》第三十五条"调控机构应定期召开季度安全分析会，会议由调控机构安全生产第一责任人主持，相关专业人员参加，会后应下发会议纪要"。

2）应对措施：调控机构每季召开安全分析会，分析安全形势，查找安全漏洞，并提出具体要求及整改措施，并形成会议纪要；每年至少组织 2 次安全日活动，各专业每月至少进行 1 次安全日活动，并记录备案。

（10）新进员工安全培训教育不健全。

1）违章内容：违反《国家电网公司调控机构安全工作规定》第三十条"调控机构新入职人员必须经处（科）安全教育、中心安全培训并经考试合格后方可进入专业处（科）开展工作"。

2）应对措施：新进人员入职后，必须及时组织调控机构、专业处室的两级安全教育，安全教育培训的主要内容应包括电力安全生产法律法规、技术标准、规章制度及调控机构制订的安全生产相关工作要求，并按规定组织考试，合格后方能安排具体工作。

（11）"四不放过"原则执行不到位。

1）违章内容：违反《国家电网公司安全事故调查规程》第 1.6 条"安全事故调查应做到事故原因未查清不放过、责任人员未处理不放过、整改措施未落实不放过、有关人员未受到教育不放过"。

2）应对措施：发生事故后严格按照"四不放过"的原则进行调查处理，严厉追究不按"四不放过"原则进行调查处理的相关领导及责任人的责任。

（12）日常安全监督执行不到位。

1）违章内容：违反《国家电网公司调控机构安全工作规定》第二十一条"各专业安全员应开展本专业核心业务评估及控制要点的日常检查，提出安全风险控制措施建议，安全员开展核心业务月度监督检查，按月形成监督查评报告”。

2）应对措施：加强安全监督网络成员的安全培训，提高安全监督能力，完善安全监督网络各岗位的安全职责，履行对专业管理的安全监督；定期开展安全监督网络活动，分析安全监督工作暴露的问题，并提出改进工作建议。

（13）员工消防培训不到位，消防器材使用不清楚，消防设施不熟悉。

1）违章内容：违反《国家电网公司安全工作规定》第四十二条“所有生产人员应学会自救互救方法、疏散和现场紧急情况的处理，所有员工应掌握消防器材的使用方法”。

2）应对措施：调控机构应设立兼职消防员，定期全员开展消防知识培训，提高扑救初期火灾的能力和组织人员疏散逃生的能力。

（14）备调场所管理不到位，存在场所巡视不到位、门禁系统未配置、未启用或门禁系统权限未及时调整。

1）违章内容：违反《国家电网公司调控系统预防和处置大面积停电事件应急工作规定》第一百一十六条“备调应纳入所在地生产场所安防体系，严格执行备调场所管理及保密制度。”

2）应对措施：加强备调场所管理，实行24h保卫值班，定期开展巡视检查；合理配置并启用门禁系统，规范管理门禁系统权限并根据人员变动情况及时更新。

（15）备调技术支持系统管理不到位，存在备调电网模型、参数与主调不一致。

1）违章内容：违反《国家电网公司省级以上备用调度运行管理工作规定》第四条“主、备调调度技术支持系统应保持同步运行，备调技术支持系统升级改造也应与主调系统同步进行，确保电网模型和信息一致。设备新投、变动时，主调模型、数据应保证及时同步到备调。”

2）应对措施：主调配备备调技术支持系统专用终端，同步使用监视备调技术支持系统运行工况；定期同步更新备调调度技术支持系统电网模型、参数，遇有新投、异动时，主调应在3个工作日内同步到备调技术支持系统。

（16）备调资料管理不到位，存在备调资料与主调不一致。

1）违章内容：违反《国家电网公司省级以上备用调度运行管理工作规定》第三十条“资料管理要求：（一）备调值班人员应及时做好备调运行资料更新，确保运行资料的准确性和一致性。”

2）应对措施：负责定期更新本专业主备调电子版资料和书面资料，电子版资料至少每周同步更新一次，书面资料至少每月同步更新一次。

（17）未开展并网发电企业的反事故措施的监督检查。

1）违章内容：违反《国家电网公司调控机构安全工作规定》第六十六条“调控机构制订的反事故措施，涉及并网发电企业的，并网发电企业应予以落实”。

2）应对措施：每年对涉及并网发电企业的反事故措施分类整理，定期召开厂网协调会，通报反事故措施的整改进度。通过两个细则按月开展闭环管理。

（18）不熟练掌握触电现场急救、疏散逃生等安全技能。

1）违章内容：违反《国家电网公司调控机构安全工作规定》第三十二条“调控机构人员应学会自救互救方法、疏散和现场紧急情况的处理，应熟练掌握触电现场急救方法，所有员工应掌握消防器材的使用方法”。

2）应对措施：开展触电急救、消防器材使用、火灾处置及逃生等有关安全知识培训，定期开展相应的演练，不断提升调控人员日常安全技能。

（19）主站或子站自动化设备操作前未及时提报检修申请。

1）违章内容：违反国家电网公司《电力调度自动化系统运行管理规定》第二十二条（三）“子站设备的计划检修由设备运维单位至少在3个工作日前提出申请”；“主站系统的计划检修由自动化管理部门至少在：3个工作日前提出书面申请”。

2）应对措施：严格执行自动化设备检修管理流程，定期抽查流程执行情况，对发现的违规行为进行考核处理。

（20）自动化设备巡视和检查不及时、不到位。

1）违章内容：违反国家电网公司《电力调度自动化系统运行管理规定》第二十条（二）“自动化系统的专责人员应对自动化系统和设备定期进行巡视、检查、测试和记录”。

2）应对措施：完善自动化设备巡视制度。严格按规定开展巡视、检查工作，并定期组织抽查制度执行情况和记录情况，对发现的问题要求立即整改。

（21）自动化系统或设备缺陷处理不及时。

1）违章内容：违反国家电网公司《电力调度自动化系统运行管理规定》第二十一条（二）“紧急缺陷：4h 内处理；重要缺陷：24h 内处理；一般缺陷：2 周内消除”。

2）应对措施：完善自动化系统或设备缺陷管理制度，明确缺陷处理各方职责，督促有关单位按要求开展消缺工作，实现全过程闭环管控。对不能按要求及时消除的缺陷要上报上级部门进行备案。

（22）厂站自动化系统或设备未经允许，擅自停电或退出运行。

1）违章内容：违反国家电网公司《电力调度自动化系统运行管理规定》第二十条（六）“厂站一次设备退出运行或处于备用、检修状态时，其子站设备（含 AGC 执行装置）均不得停电或退出运行，有特殊情况确需停电或退出运行时，需提前 3 个工作日规定办理设备停运申请”。

2）应对措施：完善厂站自动化系统或设备运行维护管理办法，操作前应经上级机构同意。严禁出现厂站自动化系统未经允许擅自停电或退出运行的行为发生。

（23）调度自动化主站功能投入运行或旧设备永久退出运行时，未履行相应的手续。

1）违章内容：违反《电力调度自动化系统运行管理规定》第二十三条（九）“主站系统投入运行或旧设备永久退出运行，应履行相应的手续”。

2）应对措施：完善调度自动化系统主站功能投运及退役管理制度，强化系统投运、退运上报审核制度的执行。严肃处置未经上级调控机构同意，擅自开展调度自动化主站功能投入运行或旧设备永久退出运行工作。

（24）一次设备投运时系统模型、图形、实时数据维护不及时、不准确、不完整。

1）违章内容：违反国家电网公司《电力调度自动化系统运行管理规定》第三十四条（三）“自动化管理部门应在一次设备投产：3 天前，完成调度技术支持系统中电网模型、图形、实时数据的维护等相关工作”。

2）应对措施：完善主站系统数据管理规范，规范数据维护流程，对数据维护的实时性、正确性、可靠性提出具体要求。加强对投运时数据不完整行为进行考核力度。

（25）更改调度自动化数据库原始数据。

1）违章内容：违反《电力调度自动化系统运行管理规定》第三十五条（三）“主站数据库内记录的数据都是法定的计量原始数据，不允许任何人改变原始数据”。

2）应对措施：完善调度自动化系统数据库操作权限管理制度，专人负责数据库管理工作，强化技术管控手段，杜绝对数据库记录的原始数据的更改。

（26）自动化线缆未设置标牌。

1）违章内容：违反国家电网公司《信息机房设计及建设规范》第：10：部分“信息机房设备及线缆两端应贴有标签，标签应选用不易损坏的材料，并符合国家电网公司信息机房标识标准、国家电网公司信息设备命名规范的要求”。

2）应对措施：严格按照《信息机房设计及建设规范》的要求，强化自动化线缆标牌维护管理。不定期开展抽查工作，对发现的问题要求立即整改。

（27）电工测量变送器、交流采样测控装置逾期不检验。

1）违章内容：违反国家电网公司《电力调度自动化系统运行管理规定》第二十八条“各类电工测量变送器和仪表、交流采样测控装置须按 DL/T 410—1991《电工测量变送器运行管理规程》和 DL/T 630—2020《交流采样远动终端技术条件》的检验规定进行检定”。

2）应对措施：完善自动化设备及仪器仪表设备台账，编制完善定检计划，督促计划执行。定期组织检查，严禁未按时检验行为发生。

（28）设备不停电状况下进行传动试验。

1）违章内容：违反《国家电网公司关于印发防止变电站全停十六项措施（试行）的通知》4.2.4：相关要求。

2）应对措施：完善传动工作作业指导书，设备传动试验应严格按照检修计划，落实安全措施后方可执行，严禁设备不停电进行传动试验。

（29）业务接入调度数据网时未履行审批手续。

1）违章内容：违反《国家电网公司电力调度数据网管理规定》第二十三条“厂站调度数据网设备接入各级接入网时，由建设管理部门填写《调度数据网网络设备/应用系统接入申请单》，报相应调度机构审批，由调度机构下达《调度数据网接入网网络设备/应用系统接入方式单》”。

2）应对措施：严格按照《国家电网公司电力调度数据网管理规定》的要求，严把申报、审核、批复手续业务，对未履行接入审批手续的行为进行严肃考核。

（30）新建电厂涉网保护和安全自动装置的配置不满足电网运行要求，相关运行信息未能传至调度端。

1）违章内容：违反《国家电网调度控制管理规程》7.1.5.2“发电厂涉网保护和安全自动装置的配置和整定应满足电网运行要求。涉网保护、安全自动装置、故障录波器的运行信息能够远传至调度端”。

2）应对措施：在新建电厂并网前，对涉网保护和安全自动装置严格把关，电厂调度自动化子站应通过调度数据网实现与调度自动化主站实时数据交互。

（31）生产控制大区业务系统内部使用无线通信功能的设备。

违章内容：违反《电力监控系统安全防护规定》第十三条“生产控制大区除安全接入区外、应当禁止选用带有无线通信功能的设备”。

应对措施：电力监控系统生产控制大区业务系统所有使用无线设备应立即拆除或更换，禁止生产控制大区业务系统通过无线网络连接终端。加大检查力度，对违反规定的行为严肃考核。

（32）生产控制大区用户账户未采用调度数字证书及安全标签进行加密认证。

违章内容：违反《电力监控系统安全防护规定》第十二条“依据电力调度管理体制建立基于公钥技术的分布式电力调度数字证书及安全标签，生产控制大区中的重要业务系统应当采用认证加密机制”。

应对措施：提高调度数字证书系统实用化应用水平，加强生产控制大区人员账户管理，定期组织对调度数字证书使用情况进行检查，对发现的问题要求立即整改。

（33）生产控制大区纵向边界未部署经过国家指定部门检测认证的电力专用纵向加密认证装置或者加密认证网关。

违章内容：违反《电力监控系统安全防护规定》第十条“在生产控制大区与广域网的纵向联结处应当设置经过国家指定部门检测认证的电力专用纵向加密认证装置或者加密认证网关及相应设施”。

应对措施：严格按照《电力监控系统安全防护规定》的要求，部署经过国家指定部门检测认证的电力专用纵向加密认证装置或者加密认证网关，并接入内网安全监视平台。定期检查设备是否部署到位。

（34）生产控制大区与管理信息大区之间未采用横向隔离措施。

违章内容：违反《电力监控系统安全防护规定》第九条“生产控制大区与管理信息大区之间必须设置经国家指定部门检测认证的电力专用横向单向安全隔离装置”。

应对措施：加强生产控制大区与管理信息大区之间横向单向隔离措施检查，对于发现的问题责令立即整改，并严肃考核。

（35）电力系统安全防护实施方案缺失。

违章内容：违反《电力监控系统安全防护规定》第十五条“安全防护实施方案必须经上级部门批准”的规定。

应对措施：电力调度机构，发电厂，变电站等运行单位须编制完备的安全防护实施方案，并提交上级调度机构及相关专业管理部门审核，严格按照审核后的方案执行。

（36）未制订电力监控系统网络信息安全的应急预案，或未按期开展应急演练。

违章内容：违反《电力监控系统安全防护规定》第十七条“建立健全电力监控系统安全的联合防护和应急机制，制订应急预案。电力调度机构负责统一指挥调度范围内的电力监控系统安全应急处理”。

应对措施：编制电力监控系统安全防护应急预案，定期组织开展演练，根据演练情况不断完善应急预案。

（37）对发现的安防告警未按要求及时处理。

违章内容：违反《国家电网公司电力监控系统网络安全运行管理规定（试行）》第十五条“发现紧急告警应立即处理，重要告警应在：24h 内处理，多次出现的一般告警应在：48h 内处理”。

应对措施：严格按照规定时间，及时处理各等级安防告警信息，对因未及时处理造成网络安全事件，应严肃考核。

（38）地级以上运行管理部门未开展：7×24h 网络安全运行值班。

违章内容：违反《国家电网公司电力监控系统网络安全运行管理规定（试行）》第九条“地级以上运行管理部门应建立或委托运维单位建立网络安全运行集中监测机制，开展：7×24h 网络安全运行值班”。

应对措施：建立：7×24h 网络安全运行值班机制，完善运行值班各项管理制度，提升网络安全运行值班管理水平。建立网络安全运行值班常态化考评机制，发现问题立即整改。

（39）未经归口管理部门批准，进行系统或设备接入生产控制大区调试工作。

违章内容：违反《国家电网公司电力监控系统网络安全运行管理规定（试行）》第二十七条“系统或设备接入生产控制大区前，应采取相关安全防范或加固措施，向对应归口管理部门提交系统接入方案和安全防护方案，经审核批准后方可接入”。

应对措施：加强系统或设备接入生产控制大区安全防护管理。严禁未经管理部门批准，擅自开展接入调试工作，对违章行为进行严肃考核。

7.1.3　装置违章

（1）新建厂站调度自动化系统未通过验收而允许投入运行。

违章内容：违反《电力调度自动化系统运行管理规定》第二十三条（二）“子站设备应与一次系统同步设计、同步建设、同步验收、同步投入使用”。

应对措施：严格按照厂站调度自动化并网流程管控，随一次设备同步开展前期工作。不满足要求禁止投入运行。

（2）调度技术支撑系统远方操作功能不完善，导致越权操作、误操作、误判断。

违章内容：违反国家电网公司《调度控制远方操作自动化技术规范》第：5：部分电网调度控制技术要求相关要求。

应对措施：完善调度技术支撑系统远方操作功能实用化验收，建立常态化检修预试工作机制，确保功能满足监控运行要求。

7.2　事故案例分析

7.2.1　案例一：××开发公司违规作业造成省调调度自动化系统运行异常事件

1．事故经过

××年××月××日 13 时 51 分；××开发公司技术人员在进行××电网新能源市场化调度辅助决策项目实施时，在 SCADA 值班服务器上违规进行实时数据库数据字典表在线下装，导致省调自动化系统自动发电控制（AGC）、自动电压控制（AVC）、状态估计，调度员潮流等在线应用功能失效，同时造成转发××分中心和国调的实时数据逼信全分、遇测变等。13 时 57 分，实时库下装完成，××省调本地应用功能恢复正常；14 时，转发数据完全恢复。

2．暴露问题

（1）××省调项目管理不规范，专业职责分工不科学、不合理。项目团队既不熟悉自动化系统总体架构和平台技术原理，也不了解运行系统配置情况，缺乏应用功能组织建设和现场实施的基本能力。

（2）××省调自动化处履职不力，自动化系统安全运行责任意识淡薄，系统运行管理规定执行不到位，对应用功能上线投运、系统用户权限管理等关键风险点缺乏有效管控。

（3）××开发公司现场人员缺乏安全风险意识。在对平台配置情况不熟悉、技术要点不掌握的情况下。在运行系统上随意进行高风险操作。××开发公司在现场配置数据库表参数不合理，影响了系统异常及时恢复，事件发生后未及时组织技术人员协助分析。

3．防范措施

（1）增强系统安全责任意识。调度自动化系统是调控机构开展电网运行控制业务最重要的技术支撑。各单位在组织实施自动化系统功能建设中，必须加强全员安全教育，严守安全生产底线，严防安全责任不明确。自动化专业要对自动化系统安全运行负全责。

（2）规范项目建设管理和分工。省调应结合本单位情况。制订和完善应用功能建设管理办法，科学合理组织各专业分工合作，发挥专业优势。管理办法要明确系统平台及应用功能建设的职责分工，规范需求分析、设计开发、测试和投运以及消缺和升级等环节的要求，明确自动化专业在系统平台及应用功能建设上的归口管理职责，做好技术方案审核和现场实施管控。

（3）实施运行系统定值化管理。对所有涉及用户权限、数据库表结构、数据存储与交换、服务消息总线、公共服务等系统基础核心软件，以及IP地址、网络路由等重要参数策略配置的变更都要实施定值化管理。严格按照编制、审核、实施流程执行，严禁在运行系统上进行开发调试。

7.2.2 案例二：××电网自动发电控制功能异常事件

1．事故经过

××年××月××日15时；××省组织××公司技术人员开展AGC功能升级工作，运维人员开始在备机上部署升级程序，15时26分因操作失误，误将数据库表修改指令在主机上执行，造成程序指令异常，致使主备机自动切换，备机切主后下发错误控制指令，导致新能源发电出力速降 192 万 kW，××电网频率最低跌至 49.75Hz。事件发生后，××省调立即暂停 AGC 功能，××电网迅速组织全网电源增加出力，15 时 30 分，频率恢复至正常水平。

2．暴露问题

（1）安全意识淡薄。××省调对电网控制功能重要性认识不足，安全意识薄弱，防误技术措施、安全管控措施等落实不到位。

（2）系统管理不到位。调度自动化系统管理职责不清，未将 AGC 功能运维纳入自动化专业管控范畴。规程规定执行不到位，未对技术方案进行安全评估。运维操作未安排专人实施全过程监护。

（3）软件功能存在缺陷。××公司的新能源自动控制软件防误功能不健全，缺乏控制指令安全校验机制，下发功率超过阈值未闭锁指令。运行主机数据库无闭锁保护机制。

3．防范措施

（1）提高安全意识，强化责任落实。坚持安全第一的方针，树牢安全发展理念，充分认识电网控制功能对电网安全的极端重要性，深刻理解调度自动化系统对新型电力系统构建的关键作用。设置专人专岗对电网控制功能实施严格管控，明确专业负责人和调控机构领导的安全职责。全面开展覆盖研发、建设、测试、运维等全环节全过程的电网控制功能风险隐患排查，着力解决其突出问题与薄弱环节，大力提升安全运行水平。

（2）明确职责分工，强化建设管理。落实公司相关规定，明确自动化专业在系统建设中的归口管理职责，协同专业处室做好功能设计与应用实践，切实提高系统建设水平。全面推进系统规范化建设，建立健全覆盖可研、立项、设计、采购、工厂验收、安装调试、试运行、现场验收的全过程管控机制，明确责任主体，实施闭环管理，实行对系统建设各环节的跟踪、分析、检查与评估，切实提高系统精益化管理水平。

（3）落实规程规定，强化运行管理。严格执行公司安全工作、运维管控等相关规程规定，全面落实作业组织、风险辨识、过程管控、现场监护、防误措施等要求，确保运维操作安全可靠。健全系统运行评价机制，强化风险隐患分析评估，及时发现即时消除系统缺陷，着力提升运行健康水平。加强运维人员管理，开展资质审查，规范运维行为，消除操作隐患，定期组织安全、运行、保密管理制度学习和技能培训，提高履职能力。

7.2.3 案例三：××地调违章作业造成调度负荷总加数据出现跳变，影响转发省调数据

1．事故经过

××年××月××日 15 时 12 分，××地调自动化运维人员巡视机房时发现调度自动化系统 1#SCADA 服务器的硬盘红灯亮，经过日志分析发现服务器硬盘损坏需更换。第二日 10 时 21 分，××公司技术人员携带服务器硬盘进机房进行更换作业，10 时 30 分自动化运维人员关闭 1 号 SCADA 服务器，SCADA 主应用由 1 号 SCADA 服务器切换为 2 号 SCADA 服务器。由于关闭服务器前运维人员未检查 SCADA 主、备服务器数据的一致性，地区调度负荷总加数据出现跳变，影响转发省调数据。

2．暴露问题

（1）××地调电力监控主站系统硬件故障处理无票作业，未经许可擅自作业。违反《国家电网公司电力安全工作规程（电力监控部分）》3.3.2 款的规定。

（2）××地调工作开始前未进行验证的安全技术措施。违反国家电网公司电力安全工作规程（电力监控部分）4.4.1 款的规定。

（3）××地调工作人员主机更换硬件时，存在冗余设备的，未检查主备机状态，将服务器切换为备机。违反国家电网公司电力安全工作规程（电力监控部分）8.5 款的规定。

（4）××地调未对外来人员进行安规考试。违反国家电网公司电力安全工作规程（电力监控部分）2.1.4 款的规定。

3．防范措施

（1）电力监控主站系统软硬件安装调试、更新升级、退出运行、故障处理、设备消缺、配置变更，数据库迁移、表结构变更、传动试验、AGC/AVC 试验

等工作应填用电力监控工作票。电力监控系统故障抢修时，工作票可不经工作票签发人书面签发，但应经工作票签发人同意，并在工作票备注栏中注明。

（2）工作开始时应检查工作对象及受影响对象的运行状态，在冗余系统（双/多机、双/多节点、双/多通道或双多电源）中将检修设备切换成非主用状态时，应确认其余主机、节点、通道或电源正常运行。

（3）主机更换硬件、升级软件、变更配置文件时，存在冗余设备的，应先在备用设备上修改和调试，经测试无误后，再在其他设备上修改和调试，并核对主备机参数的一致性。工作结束前，应验证主机设备上承载的业务系统运行正常。

（4）外单位承担或外来人员参与电力监控系统工作的人员应熟悉电力安全工作规程并经考试合格，并经电力监控系统运维单位认可，方可参加工作。对重要敏感二次系统上的工作需要签署保密协议。

7.2.4　案例四：××县调调度主站失电，造成县调失去监控

1．事故经过

××年××月××日 10 时 12 分，××县调配电房检修时，××母线保护动作，造成配电母线所连开关跳闸，大楼失去外部供电。由于调度主站自动化机房 UPS 未能正常逆变供电，造成县调电网调度控制系统失电，县调失去监控。10 时 32 分经过故障抢修，配电母线所连开关合上，调度主站自动化机房恢复供电，11 时 21 分所有业务恢复正常。经过检查，自动化机房仅有一路进线电源，且由于 UPS 蓄电池未正确维护保养，多节蓄电池已经损坏无法放电，造成自动化机房 UPS 未能正常逆变供电。

2．暴露问题

（1）调度自动化系统外供交流电消失后 UPS 电池未能发挥作用。机房 UPS 未具备两路独立的交流供电电源。违反《国网十八项电网重大反事故措施》16.1.1.2 款的规定。

（2）大楼配电房检修未及时联系自动化运维人员，自动化专业未针对该项工作制订反事故预案，造成行为违章。违反《国家电网公司应急预案管理办法》

第九条“应急预案的内容应突出实际、实用、实效的原则”。

（3）未安装自备应急电源，未定期进线安全检查，预防性试验等切换试验。违反《国网十八项电网重大反事故措施》5.4.5.3 款的规定。

3．防范措施

（1）调度自动化系统应采用专用的、冗余配置的不间断电源（UPS）供电，UPS 单机负载率应不高于 40%。外供交流电消失后 UPS 电池满载供电时间应不小于 2h。UPS 应至少具备两路独立的交流供电电源，且每台 UPS 的供电开关应独立。每年应对机房 UPS 蓄电池进行核容充放电试验。

（2）根据应急法律法规和有关标准变化情况、电网安全评价结论以及应急处置情况等，每年对应急预案进行评估，根据评估结果及时组织修订，调度应急预案涉及多个调控中心的，由上级调控中心组织共同研究和统一协调应急过程中的处置方案，明确上下级调控中心协调配合要求。预案编制应结合本网实际，依据有关方针政策、法律、法规、规章、制度、标准开展编制，应急预案内容应具体、翔实、具有针对性，措施应符合实际，操作性强。

（3）重要电力客户应按照国家和电力行业有关标准、规程和规范的要求，对受电设备定期进行安全检查、预防性试验，对自备应急电源定期进行安全检查、预防性试验、启机试验和切换装置的切换试验。

7.2.5 案例五：××变电站发生工况退出故障

1．事故经过

××年××月××日 9 时 24 分；××变电站在进行 UPS 改造时，发生××变电站工况退出故障。经检查，现场调度数据网交换机为单电源，且一平面和二平面Ⅰ区交换机均接在 1 号 UPS 设备供电的 PDU 上。当施工人员拆除 1 号 UPS 设备时，两台Ⅰ区交换机均发生失电，造成××变工况退出。事件发生后，检修人员将两台Ⅰ区交换机接到 2 号 UPS 设备供电的 PDU 上后，××变通道恢复正常。

2．暴露问题

（1）人员安全意识淡薄。施工人员对电源改造影响范围认识不足，缺乏风险防范意识，未上报三措一案给相关专业部室进行审核。

（2）安全措施执行不到位。工作开始前，未对施工过程中受到影响的设备和可能受到影响的通道进行排查，未认真制订安全措施。

（3）规章制度执行不到位。变电站基建阶段未认真执行公司《国家电网有限公司十八项电网重大反事故措施》中“厂站数据通信网关机、相量测量装置、时间同步装置、调度数据网及安全防护设备等屏柜宜集中布置，双套配置的设备宜分屏放置且两个屏应采用独立电源供电”的管理规定。

3．防范措施

（1）××公司按照“四不放过”原则，深入剖析事件在管理、运维、技术等方面的深层次原因，举一反三，坚决杜绝此类事件再次发生。

（2）××公司开展变电站单电源设备梳理和整改工作，对影响业务的调度数据网、网安、终端服务器等设备电源进行排查，确保双电源和互备的单电源设备分别接入不同的 UPS 电源，没有互备的单电源设备申请技改项目进行更换。

（3）××公司全面落实作业组织、风险辨识、过程管控、现场监护、防误措施等要求，强化施工风险隐患分析评估，加强运维人员管理，开展施工单位和施工人员资质审查，规范运维和施工行为，消除操作隐患，定期组织安全、运行、保密管理制度学习和技能培训，提高履职能力。

7.2.6　案例六：××地调生产控制大区工作站违规外联

1．事故经过

××年××月××日 09 时 56 分，××公司技术人员再××地调进行主站指纹识别装置调试时，原计划将手机下载的驱动程序通过 USB 连接的方式传输至指纹识别专用电脑，但误接入相邻的工作站（生产控制 I 区），发生违规外联，引发网络安全监测装置告警，对生产控制大区网络安全造成威胁，且性质严重。

2．暴露问题

（1）网络安全意识淡薄。工作人员对生产控制大区网络安全重要性认识不足，风险意识缺乏，在未核对所插主机是否正确的情况下随意接入手机，造成违规外联。

（2）网络安全防护措施不到位。生产控制Ⅰ区工作站USB端口未按要求封禁，且与指纹识别专用电脑混合摆放、未张贴明显标识标签，存在安全隐患，造成生产控制Ⅰ区工作站接入外网。

（3）规章制度执行不到位。运维人员未认真执行国家电网公司的《电力监控系统网络安全运行管理规定》《国家电网公司电力安全工作规程（电力监控部分）（试行）》中关于严格控制生产控制大区移动介质接入的相关要求，且现场工作准备不充分、组织不细致、监护不到位。

（4）隐患排查治理不到位。运维单位未能及时排查生产控制Ⅰ区工作站USB接口未禁用隐患，造成隐患长期存在，反映出安全生产专项整治行动工作开展不深入、不彻底等问题。

3．防范措施

（1）××公司要按照“四不放过”原则，深入剖析事件在管理、运维、技术等方面的深层次问题，举一反三，全面排查整改网络安全隐患，坚决杜绝类似事件再次发生。

（2）××公司要开展网络安全专题学习，认真吸取事件教训，提高全员网络安全意识，严紧压实各层级网络安全责任，工作中做好网络安全防护措施，严禁生产大区设备接入外网。

（3）××公司要严格落实电力监控系统安全防护要求，强化国家电网公司《电力监控系统网络安全管理规定》《国家电网公司电力安全工作规程（电力监控部分）（试行）》执行落地，确保系统、业务和数据安全。

（4）××公司要立即开展专项隐患排查整治，对生产大区服务器、工作站等各类设备主机空闲端口采取配置关闭和物理封堵措施，对站内各类设备主机进行分区布置并张贴明显标识标签。

7.2.7 案例七：××地调主站二平面备调加密装置误删隧道导致厂站二平面备调通道退出

1．事故经过

××年××月××日，××公司调试人员在进行主站加密装置安全策略调整时，原计划删除主站二平面备调加密某隧道中的业务策略，但误删除隧道，引发对应业务的厂站二平面备调通道退出。

2．暴露问题

（1）人员安全意识淡薄。调试人员对主站加密装置业务影响范围认识不足，缺乏风险防范意识，误删隧道影响厂站二平面备调通道正常运行。

（2）技术措施执行不到位。工作开始前，未及时备份加密装置中可能受到影响的隧道及相应策略的配置文件。

（3）监护不到位。工作负责人未对工作班成员的操作进行监护，未能及时发现并制止调试人员的误操作。

3．防范措施

（1）××公司按照“四不放过”原则，深入剖析事件在管理、运维、技术等方面的深层次原因，举一反三，坚决杜绝此类事件再次发生。

（2）××公司开展标准化作业专题培训，明确作业现场安全风险、注意事项、事故防范及处理措施，强调授权、备份和授权缺一不可。

（3）××公司开展全员安全学习，通过安全教育、安规考试，切实落实工作中各级人员的安全责任制。

7.2.8　案例八：110kV××站故障抢修导致后台机违规外联

1．事故经过

××年××月××日，110kV××变在进行 10kV××开关保护测控装置CPU 板卡故障抢修时，检修人员擅自停用现场后台机监控程序更改后台机地址，利用站控层网络进行非站控层业务段的调试，产生××变后台机非法外联的网络安全事件。

2．暴露问题

（1）安全风险管控存在漏洞。工作前危险点分析不足、安全措施执行不到位，在停用后台机更改地址前，未分析危险点采取有效的网络安全防范措施，将调试外网私自接入变电站站控层网络。

（2）规章制度执行不到位。未严格执行非计划检修工作流程及规范，抢修工作未履行临时申请手续，开工前未向主站提交开工申请、未征得主站许可。

（3）工作人员网络安全意识淡薄。工作人员在思想意识方面未认识到网络安全的重要性，缺乏网络安全知识及网络风险意识。

3．防范措施

（1）××公司按照“四不放过”原则，深入剖析事件在管理、运维、技术等方面的深层次原因，举一反三，坚决杜绝此类事件再次发生。

（2）加强非计划工作及开收工流程的执行力度。××公司组织各检修单位学习工作规范细则，落实抢修工作临时申请手续。

（3）规范检修工作网络安全风险管理。明确将网络安全风险列入工作票危险点分析，将网络安全监测装置及加密装置牌列入安全措施中予以实施，严禁非法设备接入。

7.2.9 案例九：××电厂监控工作站发生违规外联

1．事故经过

××年××月××日 14 时 26 分，××电厂运维人员在检修控制室二次设备时，误操作将电厂监控工作站连至 internet 外网口，发生违规外联，引发网络安全监测装置告警，对生产控制大区网络安全造成威胁，且性质严重。

2．暴露问题

（1）网络安全意识淡薄。电厂运维人员对生产控制大区网络安全重要性认识不足，风险意识缺乏，在未核对所插交换机端口是否正确的情况下随意接入Ⅰ区工作站，造成违规外联。

（2）网络安全防护措施不到位。控制室内连接 internet 外网交换机未按要求封禁未用端口，且设备二次设备标签缺失，运维人员工作时没有监护，造成生产控制Ⅰ区监控工作站接入外网。

（3）规章制度执行不到位。运维人员未认真执行公司《国家电网有限公司十八项电网重大反事故措施》中“禁止各类发电厂生产控制大区任何形式的非法外联，禁止主机设备跨安全区连接，严禁设备厂商或其他服务企业远程进行电力监控系统的控制、调节和运维操作”的管理规定。

（4）隐患排查治理不到位。电厂运维人员未能及时排查控制室内连接 internet 外网交换机未用端口未封禁隐患，造成隐患长期存在，反映出安全生产专项整治行动工作开展不深入、不彻底等问题。

3．防范措施

（1）××公司要按照“四不放过”原则，深入剖析事件在管理、运维、技术等方面的深层次问题，举一反三，全面排查整改所辖电厂网络安全隐患，坚决杜绝类似事件再次发生。

（2）××电厂要开展网络安全专题学习，认真吸取事件教训，提高全员网络安全意识，严紧压实各层级网络安全责任，工作中做好网络安全防护措施，严禁生产大区设备接入外网。对生产大区工作站、交换机等各类设备空闲端口采取配置关闭和物理封堵措施，对站内各类设备进行分区布置并张贴明显标识标签。

（3）××电厂要严格落实电力监控系统安全防护要求，强化公司《国家电网有限公司十八项电网重大反事故措施》《电力监控系统网络安全管理规定》执行落地，确保系统、业务和数据安全。

附录1 名 词 解 释

1．电力监控系统

电力监控系统是指用于监视和控制电力生产及供应过程的、基于计算机及网络技术的业务系统及智能设备，以及作为基础支撑的通信及数据网络等。公司负责运行的电力监控系统主要包括调度自动化系统（如能量管理系统、广域相量测量系统、电能量计量系统、变电站自动化系统、换流站计算机监控系统、水调自动化系统、实时电力市场的辅助控制系统、电力调度数据网络等），配电自动化系统，负荷控制系统，通信网管系统等。

电力监控系统还包括部署在安全Ⅲ区的信息系统，但不包括负荷控制系统、通信网管系统。

2．电力调度数据网络

是指各级电力调度专用广域数据网络、电力生产专用拨号网络等。

3．控制区

是指由具有实时监控功能、纵向联结使用电力调度数据网的实时子网或者专用通道的各业务系统构成的安全区域。

4．非控制区

是指在生产控制范围内由在线运行但不直接参与控制、是电力生产过程的必要环节、纵向联结使用电力调度数据网的非实时子网的各业务系统构成的安全区域。

5．主站系统

是指国家电力调度控制中心、国家电网调控分中心、省电力调控、地、县（配）各级调度机构主站的自动化系统及其备用系统，主要包括如下结构。

（1）电网调度控制系统：通常包括基础平台和实时监控与预警、调度计划及安全校核、调度管理等应用（参见《智能电网调度技术支持系统》系列标准）。

（2）配电网调度自动化主站系统。

（3）电力调度数据网络主站设备。

（4）电力二次系统安全防护主站设备。

（5）主站系统相关辅助设备：通常包括调度模拟屏和大屏幕设备、时间同步装置、电网频率采集装置、运行值班报警系统、远动通道检测和配线柜、专用的 UPS 电源及配电柜、机房专用空调等。

附录2　调度自动化主站典型工作票

1　硬件安装调试

电力监控工作票

单位：国网××X公司　　编号：NX-ZW-20190522-004

1．工作负责人：周××　　班组：自动化班

2．工作班成员（不包括工作负责人）：张××、王××、刘××　共3人

3．工作场所名称：××公司13楼自动化机房

4．工作任务

工作地点及设备名称	工作内容
13楼自动化机房F5机柜，骨干网二平面路由器、实时交换机、非实时交换机	骨干网二平面路由器、实时交换机、非实时交换机更换及调试

5．计划工作时间

自2019年05月22日10时00分至2019年05月22日18时00分

6．安全措施

（所用账号，应汇报的单位或部门，应备份的配置文件、业务数据、运行参数和日志文件，应验证的内容等，必要时可附页绘图说明）

编号	安全措施	执行人
6.1	授权使用骨干网二平面路由器、实时交换机、非实时交换机检修账号	王××
6.2	工作前，备份骨干网二平面路由器、实时交换机、非实时交换机配置文件、运行参数、运行数据、日志文件	王××
6.3	工作前，确认骨干网一平面业务运行正常；确认骨干网二平面业务可停用	王××

工作票签发人签名：李××　　2019年05月22日09时00分

工作负责人签名：周××　　2019年05月22日10时00分

7．确认工作负责人布置的工作任务和安全措施

编号：填写签发单位签发工作票的编号，可由系统自动生成或按照本单位电力监控工作票编码规则填写。

工作场所名称：填写工作所在地点。

工作地点及设备名称：填写工作所在具体地点，应包含楼层、机房名称、机柜名称及设备名称。

工作内容：填写工作具体内容（根据调度自动化主站系统硬件安装调试工作，工作内容应至少包括安装设备名称、调试工作等）。

安全措施：

（1）授权：对作业人员进行身份鉴别和授权。

（2）备份：写明需要备份的对象：可能受

续表

工作班成员签名：张××、王××、刘××

开始工作时间：2019年05月22日10时05分

工作负责人签名：周××

8．工作票延期

有效期延长到：　　年　月　日　时　分

工作负责人签名：　　年　月　日　时　分

工作票签发人签名：　　年　月　日　时　分

9．工作终结

全部工作于2019年05月22日17时00分结束，工作过程中产生的临时数据、临时账号等内容已删除，封闭的数据已开放，电力监控系统运行正常，现场已清扫、整理，作业人员已全部撤离，并已向工作票签发人李××汇报。

工作负责人签名：周××　　2019年05月22日17时03分

10．备注

到影响的程序、配置文件、运行参数和日志文件等。

(3)验证：写明工作前需验证的全部内容，验证内容较多时候需在检修方案中注明详细验证项。

根据调度自动化主站系统硬件安装调试工作，应至少验证下面两项：

(1)检查确认受影响对象的运行状态；

(2)确认相关业务系统所承载的业务可停用或已转移。

2 故障处理

电力监控工作票

单位：国网×××公司调控中心 编号：NX-ZW-20190522-001

1．工作负责人：周×× 班组：自动化班

2．工作班成员（不包括工作负责人）：张××、王××、刘××共 3 人

3．工作场所名称：××公司 1 楼自动化机房

4．工作任务

工作地点及设备名称	工作内容
1 楼自动化机房 D021 机柜，PAS 服务器 cdpas1	调度员潮流系统故障消缺

5．计划工作时间

自 2019 年 05 月 22 日 10 时 00 分至 2019 年 05 月 22 日 18 时 00 分

6．安全措施

（所用账号，应汇报的单位或部门，应备份的配置文件、业务数据、运行参数和日志文件，应验证的内容等，必要时可附页绘图说明）

编号	安全措施	执行人
6.1	授权使用调度自动化系统检修账号	王××
6.2	工作前，备份调度员潮流系统./etc/config 相关配置文件、./etc/parameter 运行参数、./etc/data 运行数据和./etc/log 日志文件	王××
6.3	工作前，确认调度员潮流系统 A、B、C 进程可停止	王××
6.4	检查确认其他调度自动化系统业务正常运行	王××

工作票签发人签名：李×× 2019 年 05 月 22 日 09 时 00 分

工作负责人签名：周×× 2019 年 05 月 22 日 10 时 00 分

7．确认工作负责人布置的工作任务和安全措施

工作班成员签名：张××、王××、刘××

开始工作时间：2019 年 05 月 22 日 10 时 05 分

编号：填写签发单位签发工作票的编号，可由系统自动生成或按照本单位电力监控工作票编码规则填写。

工作场所名称：填写工作所在地点。

工作地点及设备名称：填写工作所在具体地点，应包含楼层、机房名称、机柜名称及设备名称。

工作内容：填写工作具体内容（根据调度自动化主站系统故障处理工作，工作内容应至少包括检修设备名称、故障处理等内容）。

安全措施：

（1）授权：对作业人员进行身份鉴别和授权。

（2）备份：写明需要备份的对象：可能受到影响的程序、配置文件、运行参数和日志文件等。

续表

工作负责人签名：周×× 8．工作票延期 有效期延长到：　年　月　日　时　分 工作负责人签名：　年　月　日　时　分 工作票签发人签名：　年　月　日　时　分 9．工作终结 全部工作于2019年05月22日17时00分结束，工作过程中产生的临时数据、临时账号等内容已删除，封闭的数据已开放，电力监控系统运行正常，现场已清扫、整理，作业人员已全部撤离，并已向工作票签发人李××汇报。 工作负责人签名：周×× 2019年05月22日17时03分 10．备注 15时00分，工作班成员张××离开工作现场。

（3）验证：写明工作前需验证的全部内容，验证内容较多时候需在检修方案中注明详细验证项。

根据调度自动化主站系统故障处理工作，应至少验证以下几项：

（1）检查确认其他调度自动化系统业务正常运行；

（2）存在冗余系统的，将检修设备切换成非主用状态，确认其余主机、节点、通道或电源正常运行；

（3）确认相关业务系统所承载业务可停用或已转移。

3 设备消缺

电力监控工作票

单位：国网×××公司调控中心　编号：NX-ZW-20190522-002

1．工作负责人：周××　　班组：自动化班

2．工作班成员（不包括工作负责人）：张××、王××、刘××　共 3 人

3．工作场所名称：××公司 1 楼自动化机房

4．工作任务

工作地点及设备名称	工作内容
1 楼自动化机房 C2 机柜，前置服务器 ycddfes1-1、ycddfes2-1、ycddfes3-1、ycddfes4-1	前置服务器转发功能异常消缺

5．计划工作时间

自 2019 年 05 月 22 日 10 时 00 分至 2019 年 05 月 22 日 18 时 00 分

6．安全措施

（所用账号，应汇报的单位或部门，应备份的配置文件、业务数据、运行参数和日志文件，应验证的内容等，必要时可附页绘图说明）

编号	安全措施	执行人
6.1	授权使用调度自动化系统检修账号	王××
6.2	工作前，备份前置服务器 ycddfes1-1、ycddfes2-1、ycddfes3-1、ycddfes4-1 节点业务数据、业务系统软件和配置文件	王××
6.3	工作前，确认 ycddfes2-1、ycddfes4-1 节点正常运行。验证厂站远动通道及其他调度自动化系统业务正常运行	王××
6.4	工作前，确认前置服务器 ycddfes1-1、ycddfes2-1、ycddfes3-1、ycddfes4-1 节点转发进程 read_zf_info 可停用	王××

工作票签发人签名：李××　2019 年 05 月 22 日 09 时 00 分

工作负责人签名：周××　2019 年 05 月 22 日 10 时 00 分

7．确认工作负责人布置的工作任务和安全措施

编号：填写签发单位签发工作票的编号，可由系统自动生成或按照本单位电力监控工作票编码规则填写。

工作场所名称：填写工作所在地点。

工作地点及设备名称：填写工作所在具体地点，应包含楼层、机房名称、机柜名称及设备名称。

工作内容：填写工作具体内容（根据调度自动化主站系统设备消缺工作，工作内容应至少包括检修设备名称、消缺工作等）。

安全措施：

（1）授权：对作业人员进行身份鉴别和授权。

（2）备份：写明需要备份的对象：可能受到影响的程序、配置文件、运行参数和日志文件等。

续表

工作班成员签名：张××、王××、刘×× 开始工作时间：2019 年 05 月 22 日 10 时 05 分 工作负责人签名：周×× 8．工作票延期 有效期延长到：　　年　月　日　时　分 工作负责人签名：　　年　月　日　时　分 工作票签发人签名：　　年　月　日　时　分 9．工作终结 全部工作于 2019 年 05 月 22 日 17 时 00 分结束，工作过程中产生的临时数据、临时账号等内容已删除，封闭的数据已开放，电力监控系统运行正常，现场已清扫、整理，作业人员已全部撤离，并已向工作票签发人李××汇报。 工作负责人签名：周×× 2019 年 05 月 22 日 17 时 03 分 10．备注

（3）验证：写明工作前需验证的全部内容，验证内容较多时候需在检修方案中注明详细验证项。

根据调度自动化主站系统设备消缺工作，应至少验证：

（1）检查确认其他调度自动化系统业务及厂站员动通道正常运行；

（2）存在冗余系统的，将检修设备切换成非主用状态，确认其余主机、节点、通道或电源正常运行；

（3）确认相关业务系统所承载的业务可停运或已转移。

4　数据库版本升级

电力监控工作票

单位：国网××X公司调控中心　编号：NX-ZW-20190522-003

1．工作负责人：周××　　　班组：自动化班

2．工作班成员（不包括工作负责人）：张××、王××、刘××共3人

3．工作场所名称××公司1楼自动化机房

4．工作任务

工作地点及设备名称	工作内容
1楼自动化机房C6机柜，历史服务器ycdd-his1、ycdd-his2	达梦数据库由现有版本V7.1.5.10升级为V7.1.6.33

5．计划工作时间

自2019年05月22日10时00分至2019年05月22日18时00分

6．安全措施

（所用账号，应汇报的单位（部门），应备份的配置文件、业务数据、运行参数和日志文件，应验证的内容等，必要时可附页绘图说明）

编号	安全措施	执行人
6.1	授权使用调度自动化系统数据库检修专用账号	王××
6.2	工作前，备份历史服务器ycdd-his1、ycdd-his2节点./d5000/data数据文件、./d5000/var/log日志文件、./d5000/bin运行参数、./d5000/conf控制文件和配置文件	王××
6.3	工作前，确认数据库与操作系统、业务系统的兼容性	王××
6.4	确认调度自动化系统SCADA、FES、PAS应用功能运行正常	王××
6.5	确认达梦数据库dmserver进程可停止	王××
6.6	检查系统实时业务是否正常	王××

工作票签发人签名：李××　2019年05月22日09时00分

工作负责人签名：周××　2019年05月22日10时00分

7．确认工作负责人布置的工作任务和安全措施

编号：填写签发单位签发工作票的编号，可由系统自动生成或按照本单位电力监控工作票编码规则填写。

工作场所名称：填写工作所在地点。

工作地点及设备名称：填写工作所在具体地点，应包含楼层、机房名称、机柜名称及设备名称。

工作内容：填写工作具体内容（根据调度自动化主站系统数据库版本升级工作，工作内容应至少包括数据库名称、升级前后版本信息等）。

安全措施：

（1）授权：对作业人员进行身份鉴别和授权。

（2）备份：写明需要备份的对象：可能受到影响的程序、配置文件、运行参数和日志文件等。

续表

工作班成员签名：张××、王××、刘×× 开始工作时间：2019年05月22日10时05分 工作负责人签名：周×× 8．工作票延期 有效期延长到： 年 月 日 时 分 工作负责人签名： 年 月 日 时 分 工作票签发人签名： 年 月 日 时 分 9．工作终结 全部工作于2019年05月22日17时00分结束，工作过程中产生的临时数据、临时账号等内容已删除，封闭的数据已开放，电力监控系统运行正常，现场已清扫、整理，作业人员已全部撤离，并已向工作票签发人李××汇报。 工作负责人签名：陈×× 2019年05月22日17时03分 10．备注 14时00分，经工作票签发人李××电话同意，工作负责人由周××变更为陈××，原、现工作负责人对工作任务和安全措施进行交接。

（3）验证：写明工作前需验证的全部内容，验证内容较多时候需在检修方案中注明详细验证项。

根据调度自动化主站系统数据库版本升级工作，应至少验证：
（1）当前运行版本、升级包版本与计划一致；
（2）确认测数据库与操作系统和业务系统的兼容性；
（3）确认相关业务系统是否运行正常，所承载的业务可停运或已转移。

5 遥控测试

电力监控工作票

单位：国网××X公司调控中心　编号：NX-ZW-20190522-005

1．工作负责人：周××　　班组：自动化班

2．工作班成员（不包括工作负责人）：张××、王××、刘××共 3 人

3．工作场所名称：××公司13楼自动化运维操作间

4．工作任务

工作地点及设备名称	工作内容
13楼自动化运维操作间，维护工作站wh1-1	××变××线路××开关遥控测试

5．计划工作时间

自 2019 年 05 月 22 日 10 时 00 分至 2019 年 05 月 22 日 18 时 00 分

6．安全措施

（所用账号，应汇报的单位（部门），应备份的配置文件、业务数据、运行参数和日志文件，应验证的内容等，必要时可附页绘图说明）

编号	安全措施	执行人
6.1	授权使用调度自动化系统数据库检修专用账号	王××
6.2	工作前，确认××变××线路××开关间隔接线图画面信息与数据库关联信息一致	王××
6.3	工作前，核实确认间隔接线图名称和开关控制状态	王××
6.4	工作前，查确认其他调度自动化系统业务正常运行	王××

工作票签发人签名：李××　2019 年 05 月 22 日 09 时 00 分

工作负责人签名：周××　2019 年 05 月 22 日 10 时 00 分

7．确认工作负责人布置的工作任务和安全措施

工作班成员签名：张××、王××、刘××

开始工作时间：2019 年 05 月 22 日 10 时 05 分

编号：填写签发单位签发工作票的编号，可由系统自动生成或按照本单位电力监控工作票编码规则填写。

工作场所名称：填写工作所在地点。

工作地点及设备名称：填写工作所在具体地点，应包含楼层、机房名称、机柜名称及设备名称。

工作内容：填写工作具体内容（根据调度自动化主站系统遥控测试工作，工作内容应至少包括检修设备名称、遥控测试工作等）。

安全措施：

（1）授权：对作业人员进行身份鉴别和授权。

（2）备份：遥控测试工作不需要备份系统配置文件、运行参数和日志文件等。

（3）验证：写明工作

续表

工作负责人签名：周×× 8．工作票延期 有效期延长到：　　年　月　日　时　分 工作负责人签名：　　年　月　日　时　分 工作票签发人签名：　　年　月　日　时　分 9．工作终结 全部工作于 2019 年 05 月 22 日 17 时 00 分结束，工作过程中产生的临时数据、临时账号等内容已删除，封闭的数据已开放，电力监控系统运行正常，现场已清扫、整理，作业人员已全部撤离，并已向工作票签发人李××汇报。 工作负责人签名：周×× 2019 年 05 月 22 日 17 时 03 分 10．备注	前需验证的全部内容，验证内容较多时候需在检修方案中注明详细验证项。 根据调度自动化主站系统遥控测试工作，应至少验证： (1)检查确认受控间隔接线图画面信息与数据库关联信息一致； (2)开始遥控测试前，确认间隔接线图名称和开关控制状态。

6 AGC/AVC 试验

电力监控工作票

单位：国网××X 公司调控中心　编号：NX-ZW-20190522-006

1．工作负责人：周××　　　　班组：自动化班

2．工作班成员（不包括工作负责人）：张××、王××、刘××
共 3 人

3．工作场所名称：××公司 13 楼自动化运维间

4．工作任务

工作地点及设备名称	工作内容
13 楼自动化运维间，维护工作站 ycddwh7-1	××光伏电站 AGC/AVC 试验

5．计划工作时间

自 2019 年 05 月 22 日 10 时 00 分至 2019 年 05 月 22 日 18 时 00 分

6．安全措施

（所用账号，应汇报的单位（部门），应备份的配置文件、业务数据、运行参数和日志文件，应验证的内容等，必要时可附页绘图说明）

编号	安全措施	执行人
6.1	授权使用调度自动化系统检修专用账号	王××
6.2	工作前，备份 AGC/AVC 系统./d5000/conf 配置文件、./d5000/data 业务数据和./d5000/bin 运行参数	王××
6.3	工作前，确认其他调度自动化系统业务正常运行	王××

工作票签发人签名：李××　2019 年 05 月 22 日 09 时 00 分

工作负责人签名：周××　　2019 年 05 月 22 日 10 时 00 分

7．确认工作负责人布置的工作任务和安全措施

工作班成员签名：张××、王××、刘××

开始工作时间：2019 年 05 月 22 日 10 时 05 分

工作负责人签名：周××

8．工作票延期

编号：填写签发单位签发工作票的编号，可由系统自动生成或按照本单位电力监控工作票编码规则填写。

工作场所名称：填写工作所在地点。

工作地点及设备名称：填写工作所在具体地点，应包含楼层、机房名称、机柜名称及设备名称。

工作内容：填写工作具体内容（根据调度自动化主站系统 AGC/AVC 试验工作，工作内容应至少包括试验厂站名称、试验工作等）。

安全措施：

（1）授权：对作业人员进行身份鉴别和授权。

（2）备份：写明需要备份的对象：可能受到影响的程序、配置文件、运行参数和日志文件等。

续表

<table>
<tr><td>
有效期延长到　　　　　　年　　月　　日　　时　　分
工作负责人签名：　　　　年　　月　　日　　时　　分
工作票签发人签名：　　　年　　月　　日　　时　　分
9．工作终结
全部工作于 2019 年 05 月 22 日 17 时 00 分结束，工作过程中产生的临时数据、临时账号等内容已删除，封闭的数据已开放，电力监控系统运行正常，现场已清扫、整理，作业人员已全部撤离，并已向工作票签发人李××汇报。
工作负责人签名：周××
2019 年 05 月 22 日 17 时 03 分
10．备注
</td></tr>
</table>

（3）验证：写明工作前需验证的全部内容，验证内容较多时候需在检修方案中注明详细验证项。

根据调度自动化主站系统 AGC/AVC 试验工作，应至少验证：

（1）检查确认 AGC/AVC 运行状态。

（2）检查确认其他调度自动化系统业务正常运行。

7 表结构变更

电力监控工作票

单位：国网××X公司调控中心 编号：NX-ZW-20190522-007

1．工作负责人：周×× 班组：自动化班

2．工作班成员（不包括工作负责人）：张××、王××、刘××共3人

3．工作场所名称：××公司1楼自动化机房

4．工作任务

工作地点及设备名称	工作内容
1楼自动化机房C4机柜，AVC服务器ycddavc1-1、ycddavc2-1	AVC 电厂控制器表表结构变更

5．计划工作时间

自2019年05月22日10时00分至2019年05月22日18时00分

6．安全措施

（所用账号，应汇报的单位（部门），应备份的配置文件、业务数据、运行参数和日志文件，应验证的内容等，必要时可附页绘图说明）

编号	安全措施	执行人
6.1	授权使用调度自动化系统数据库检修专用账号	王××
6.2	工作前，备份ycddavc1-1、ycddavc2-1节点./d5000/conf配置文件、./d5000/data业务数据和./d5000/bin运行参数	王××
6.3	工作前，确认ycddavc2-1及其他调度自动化系统业务正常运行	王××

工作票签发人签名：李×× 2019年05月22日09时00分

工作负责人签名：周×× 2019年05月22日10时00分

7．确认工作负责人布置的工作任务和安全措施

工作班成员签名：张××、王××、刘××

开始工作时间：2019年05月22日10时05分

工作负责人签名：周××

8．工作票延期

编号：填写签发单位签发工作票的编号，可由系统自动生成或按照本单位电力监控工作票编码规则填写。

工作场所名称：填写工作所在地点。

工作地点及设备名称：填写工作所在具体地点，应包含楼层、机房名称、机柜名称及设备名称。

工作内容：填写工作具体内容（根据调度自动化主站系统表结构变更工作，工作内容应至少包括变更表名称、变更工作等）。

安全措施：

（1）授权：对作业人员进行身份鉴别和授权。

（2）备份：写明需要备份的对象：可能受到影响的程序、配置文件、运行参数和日志文件等。

（3）验证：写明工作

续表

有效期延长到： 年 月 日 时 分 工作负责人签名： 年 月 日 时 分 工作票签发人签名： 年 月 日 时 分 9．工作终结 全部工作于 2019 年 05 月 22 日 17 时 00 分结束，工作过程中产生的临时数据、临时账号等内容已删除，封闭的数据已开放，电力监控系统运行正常，现场已清扫、整理，作业人员已全部撤离，并已向工作票签发人李××汇报。 工作负责人签名：周×× 2019 年 05 月 22 日 17 时 03 分 10．备注

前需验证的全部内容，验证内容较多时候需在检修方案中注明详细验证项。

根据调度自动化主站系统表结构变更工作，应至少验证：

(1) 检查确认其他调度自动化系统业务正常运行；

(2) 存在冗余系统的，先在备用设备上修改和调试，经测试无误后，再在其他设备上修改和调试，并核对主备机参数的一致性。

8 数据库迁移

电力监控工作票

单位：国网××X公司调控中心　编号：NX-ZW-20190522-008

1．工作负责人：周××　班组：自动化班

2．工作班成员（不包括工作负责人）：张××、王××、刘××共3人

3．工作场所名称：××公司13楼自动化运维间

4．工作任务

工作地点及设备名称	工作内容
13楼自动化运维间，SCADA服务器ycddsca1-1、备调前置维护工作站ycbdwh3-1	地调历史数据迁移至备调

5．计划工作时间

自2019年05月22日10时00分至2019年05月22日18时00分

6．安全措施

（所用账号，应汇报的单位（部门），应备份的配置文件、业务数据、运行参数和日志文件，应验证的内容等，必要时可附页绘图说明）

编号	安全措施	执行人
6.1	授权使用调度自动化系统数据库检修专用账号，并仅赋予该账号启停数据库服务的权限	王××
6.2	工作前，备份ycddsca1-1节点./d5000/data数据文件、./d5000/var/log日志文件、./d5000/conf控制文件和配置文件	王××
6.3	工作前，确认其他调度自动化系统业务正常运行	王××
6.4	确认SCADA服务器ycddsca1-1历史数据迁移进程get_his_from正常运行	王××

工作票签发人签名：李××　2019年05月22日09时00分

工作负责人签名：周××　2019年05月22日10时00分

编号：填写签发单位签发工作票的编号，可由系统自动生成或按照本单位电力监控工作票编码规则填写。

工作场所名称：填写工作所在地点。

工作地点及设备名称：填写工作所在具体地点，应包含楼层、机房名称、机柜名称及设备名称。

工作内容：填写工作具体内容（根据调度自动化主站系统数据库迁移工作，工作内容应至少包括迁移数据库名称、迁移工作等）。

安全措施：

授权：对作业人员进行身份鉴别和授权。

备份：写明需要备份的对象：可能受到影响的程序、配置文件、运行参数和日志文件等。

验证：写明工作前需

续表

7．确认工作负责人布置的工作任务和安全措施

工作班成员签名：张××、王××、刘××

开始工作时间：2019年05月22日10时05分

工作负责人签名：周××

8．工作票延期

有效期延长到：　　年　月　日　时　分

工作负责人签名：　　年　月　日　时　分

工作票签发人签名：　　年　月　日　时　分

9．工作终结

全部工作于2019年05月22日17时00分结束，工作过程中产生的临时数据、临时账号等内容已删除，封闭的数据已开放，电力监控系统运行正常，现场已清扫、整理，作业人员已全部撤离，并已向工作票签发人李××汇报。

工作负责人签名：周××

2019年05月22日17时03分

10．备注

验证的全部内容，验证内容较多时候需在检修方案中注明详细验证项。

根据调度自动化主站系统数据库迁移工作，应至少验证：

(1)检查确认其他调度自动化系统业务正常运行；

(2)确认相关业务系统所承载的业务运行状态。

9 配置变更

电力监控工作票

单位：国网××X公司调控中心 编号：NX-ZW-20190522-009

1．工作负责人：周×× 班组：自动化班

2．工作班成员（不包括工作负责人）张××、王××、刘××共3人

3．工作场所名称：××公司1楼自动化机房

4．工作任务

工作地点及设备名称	工作内容
1楼自动化机房C4机柜，SCADA服务器ycddsca1-1、ycddsca2-1	厂站主接线图画面操作菜单配置变更

5．计划工作时间

自2019年05月22日10时00分至2019年05月22日18时00分

6．安全措施

（所用账号，应汇报的单位（部门），应备份的配置文件、业务数据、运行参数和日志文件，应验证的内容等，必要时可附页绘图说明）

编号	安全措施	执行人
6.1	授权使用调度自动化系统检修账号YCdd123＋654	王××
6.2	工作前，备份SCADA服务器ycddsca1-1、ycddsca2-1节点./d5000/conf配置文件、./d5000/bin运行参数、./d5000/data运行数据的./d5000/var/log日志文件	王××
6.3	工作前，确认其他调度自动化系统业务正常运行	王××

工作票签发人签名：李×× 2019年05月22日09时00分

工作负责人签名：周×× 2019年05月22日10时00分

7．确认工作负责人布置的工作任务和安全措施

工作班成员签名：张××、王××、刘××

开始工作时间：2019年05月22日10时05分

编号：填写签发单位签发工作票的编号，可由系统自动生成或按照本单位电力监控工作票编码规则填写。

工作场所名称：填写工作所在地点。

工作地点及设备名称：填写工作所在具体地点，应包含楼层、机房名称、机柜名称及设备名称。

工作内容：填写工作具体内容（根据调度自动化主站系统配置变更工作，工作内容应至少包括变更配置名称、变更工作等）。

安全措施：

（1）授权：对作业人员进行身份鉴别和授权。

（2）备份：写明需要备份的对象：可能受到影响的程序、配置文件、运行参数和日志文件等。

续表

工作负责人签名：周×× 8．工作票延期 有效期延长到：　　年　月　日　时　分 工作负责人签名：　　年　月　日　时　分 工作票签发人签名：　　年　月　日　时　分 9．工作终结 全部工作于 2019 年 05 月 22 日 17 时 00 分结束，工作过程中产生的临时数据、临时账号等内容已删除，封闭的数据已开放，电力监控系统运行正常，现场已清扫、整理，作业人员已全部撤离，并已向工作票签发人李××汇报。 工作负责人签名：周×× 2019 年 05 月 22 日 17 时 03 分 10．备注

(3) 验证：写明工作前需验证的全部内容，验证内容较多时候需在检修方案中注明详细验证项。

根据调度自动化主站系统配置变更工作，应至少验证：

(1)检查确认其他调度自动化系统业务正常运行；

(2)存在冗余系统的，先在备用设备上修改和调试，经测试无误后，再将主机设备切换成非主用状态，并在该设备上修改和调试，核对主备机参数的一致性。

10 网络安全管理平台软件调试

电力监控工作票

单位：国网××X公司调控中心　编号：NX-ZW-20190522-010

1．工作负责人：周××　　　　班组：自动化班

2．工作班成员（不包括工作负责人）：张××、王××、刘××共3人

3．工作场所名称：××公司13楼自动化运维间

4．工作任务

工作地点及设备名称	工作内容
13楼自动化运维间，网络安全管理平台	网络安全管理平台调试

5．计划工作时间

自2019年05月22日10时00分至2019年05月22日18时00分

6．安全措施

（所用账号，应汇报的单位（部门），应备份的配置文件、业务数据、运行参数和日志文件，应验证的内容等，必要时可附页绘图说明）

编号	安全措施	执行人
6.1	授权使用网络安全管理平台检修账号。	王××
6.2	工作前，备份网络安全管理平台./home/Psssp2000/conf 配置参数和./home/Psssp2000/bin 运行数据	王××
6.3	工作前，确认网络安全管理平台承载的业务可停用	王××
6.4	工作前，确认其他自动化系统业务运行正常	王××

工作票签发人签名：李××　2019年05月22日09时00分

工作负责人签名：周××　2019年05月22日10时00分

7．确认工作负责人布置的工作任务和安全措施

工作班成员签名：张××、王××、刘××

开始工作时间：2019年05月22日10时05分

工作负责人签名：周××

编号：填写签发单位签发工作票的编号，可由系统自动生成或按照本单位电力监控工作票编码规则填写。

工作场所名称：填写工作所在地点。

工作地点及设备名称：填写工作所在具体地点，应包含楼层、机房名称、机柜名称及设备名称。

工作内容：填写工作具体内容（根据网络安全管理平台软件调试工作，工作内容应至少包括检修设备名称、调试工作等）。

安全措施：

（1）授权：对作业人员进行身份鉴别和授权。

（2）备份：写明需要备份的对象：可能受到影响的程序、配置文件、运行参数和日志文件等。

续表

8．工作票延期 有效期延长到： 年 月 日 时 分 工作负责人签名： 年 月 日 时 分 工作票签发人签名： 年 月 日 时 分 9．工作终结 全部工作于 2019 年 05 月 22 日 17 时 00 分结束，工作过程中产生的临时数据、临时账号等内容已删除，封闭的数据已开放，电力监控系统运行正常，现场已清扫、整理，作业人员已全部撤离，并已向工作票签发人李××汇报。 工作负责人签名：周×× 2019 年 05 月 22 日 17 时 03 分 10．备注	(3) 验证：写明工作前需验证的全部内容，验证内容较多时候需在检修方案中注明详细验证项。 根据网络安全管理平台软件调试工作，应至少验证： (1)检查确认网络安全管理平台运行状态。 (2)检查确认相关业务系统承载业务可停用或已转移。

11 网络安全监测装置加固

电力监控工作票

单位：国网××X公司调控中心　编号：NX-ZW-20190522-011

1．工作负责人：周××　　　　班组：自动化班

2．工作班成员（不包括工作负责人）：张××、王××、刘××共3人

3．工作场所名称：××公司1楼自动化机房

4．工作任务

工作地点及设备名称	工作内容
1楼自动化机房D3-D7机柜，网络安全监测装置	Ⅰ区、Ⅱ区、Ⅲ区网络安全监测装置加固

5．计划工作时间

自2019年05月22日10时00分至2019年05月22日18时00分

6．安全措施

（所用账号，应汇报的单位（部门），应备份的配置文件、业务数据、运行参数和日志文件，应验证的内容等，必要时可附页绘图说明）

编号	安全措施	执行人
6.1	授权使用网络安全监测装置检修账号	周××
6.2	工作前，备份Ⅰ区、Ⅱ区、Ⅲ区网络安全监测装置配置参数和运行数据	张××
6.3	工作前，确认Ⅰ区、Ⅱ区、Ⅲ区网络安全监测装置承载的业务可停用	王××
6.4	工作前，确认其他自动化系统业务运行正常	王××

工作票签发人签名：李××

2019年05月22日09时00分

工作负责人签名：周××

2019年05月22日10时00分

7.确认工作负责人布置的工作任务和安全措施

工作班成员签名：张××、王××、刘××

开始工作时间：2019年05月22日10时05分

编号：填写签发单位签发工作票的编号，可由系统自动生成或按照本单位电力监控工作票编码规则填写。

工作场所名称：填写工作所在地点。

工作地点及设备名称：填写工作所在具体地点，应包含楼层、机房名称、机柜名称及设备名称。

工作内容：填写工作具体内容（根据主站网络安全监测装置加固工作，工作内容应至少包括加固设备名称、加固工作等）。

安全措施：

（1）授权：对作业人员进行身份鉴别和授权。

（2）备份：写明需要备份的对象：可能受到影响的程序、配置文件、运行参数和日志文件等。

（3）验证：写明工作

续表

工作负责人签名：周×× 8．工作票延期 有效期延长到：　　　年　月　日　时　分 工作负责人签名：　　年　月　日　时　分 工作票签发人签名：　年　月　日　时　分 9．工作终结 全部工作于 2019 年 05 月 22 日 17 时 00 分结束，工作过程中产生的临时数据、临时账号等内容已删除，封闭的数据已开放，电力监控系统运行正常，现场已清扫、整理，作业人员已全部撤离，并已向工作票签发人李××汇报。 工作负责人签名：周××　2019 年 05 月 22 日 17 时 03 分 10．备注

前需验证的全部内容，验证内容较多时候需在检修方案中注明详细验证项。

根据主站网络安全监测装置加固工作，应至少验证：

(1)检查确认网络安全监测装置运行状态；

(2)相关业务系统承载业务可停用或已转移。

12　网络安全管理平台补丁包更新

电力监控工作票

单位：国网××X 公司调控中心　编号：NX-ZW-20190522-012

1．工作负责人：周××　班组：自动化班

2．工作班成员（不包括工作负责人）：张××、王××、刘××共 3 人

3．工作场所名称：××公司 13 楼自动化运维间

4．工作任务

工作地点及设备名称	工作内容
13 楼自动化运维间，网络安全管理平台	网络安全管理平台 V1.3.6 补丁包更新

5．计划工作时间

自 2019 年 05 月 22 日 10 时 00 分至 2019 年 05 月 22 日 18 时 00 分

6．安全措施

（所用账号，应汇报的单位（部门），应备份的配置文件、业务数据、运行参数和日志文件，应验证的内容等，必要时可附页绘图说明）

编号	安全措施	执行人
6.1	授权使用网络安全监测装置检修账号	王××
6.2	工作前，备份网络安全管理平台./home/Psssp2000/conf 配置参数和./home/Psssp2000/bin 运行数据	王××
6.3	工作前，检查拟更新补丁包是否为 V1.3.6	王××
6.4	工作前，确认网络安全管理平台承载业务可停用	王××
6.5	工作前，确认其他自动化系统业务运行正常	王××

工作票签发人签名：李××

2019 年 05 月 22 日 09 时 00 分

工作负责人签名：周××

2019 年 05 月 22 日 10 时 00 分

编号：填写签发单位签发工作票的编号，可由系统自动生成或按照本单位电力监控工作票编码规则填写。

工作场所名称：填写工作所在地点。

工作地点及设备名称：填写工作所在具体地点，应包含楼层、机房名称、机柜名称及设备名称。

工作内容：填写工作具体内容（根据网络安全管理平台 V1.3.6 补丁包更新工作，工作内容应至少包括检修设备名称、更新工作等）。

安全措施：

授权：对作业人员进行身份鉴别和授权。

备份：写明需要备份的对象：可能受到影响的程序、配置文件、运行参数和日志

续表

7．确认工作负责人布置的工作任务和安全措施 工作班成员签名：张××、王××、刘×× 开始工作时间：2019 年 05 月 22 日 10 时 05 分 工作负责人签名：周×× 8．工作票延期 有效期延长到：　　年　月　日　时　分 工作负责人签名：　　年　月　日　时　分 工作票签发人签名：　　年　月　日　时　分 9．工作终结 全部工作于 2019 年 05 月 22 日 17 时 00 分结束，工作过程中产生的临时数据、临时账号等内容已删除，封闭的数据已开放，电力监控系统运行正常，现场已清扫、整理，作业人员已全部撤离，并已向工作票签发人李××汇报。 工作负责人签名：周×× 2019 年 05 月 22 日 17 时 03 分 10．备注	文件等。 验证：写明工作前需验证的全部内容，验证内容较多时候需在检修方案中注明详细验证项。 根据网络安全管理平台 V1.3.6 补丁包更新工作，应至少验证： (1)检查当前运行版本、升级包版本与计划一致； (2)检查确认相关业务系统承载业务可停用或已转移。

13 备用调度自动化系统等保测评

电力监控工作票

单位：国网××X公司调控中心　编号：NX-ZW-20190522-013

1．工作负责人：周××　　班组：自动化班

2．工作班成员（不包括工作负责人）：张××、王××、刘××共3人

3．工作场所名称：220kV正谊变电站备调自动化机房

4．工作任务

工作地点及设备名称	工作内容
220kV正谊变电站备调自动化机房A2-A5机柜，备调调度自动化系统服务器、工作站、调度数据网设备、二次系统安全防护设备	备调调度自动化系统服务器、工作站、调度数据网设备、二次系统安全防护设备等级保护测评

5．计划工作时间：自2019年05月22日10时00分至2019年05月22日18时00分

6．安全措施：（所用账号，应汇报的单位（部门），应备份的配置文件、业务数据、运行参数和日志文件，应验证的内容等，必要时可附页绘图说明）

编号	安全措施	执行人
6.1	授权使用备用调度自动化系统服务器、工作站检修账号，数据网设备检修账，二次系统安全防护设备检修账号	王××
6.2	工作前，备份备用调度自动化系统服务器、工作站./d5000/conf配置文件、./d5000/bin运行参数、./d5000/data运行数据、./d5000/var/log日志文件及数据网设备、二次系统安全防护设备配置文件和运行数据	王××
6.3	工作前，确认备调调度自动化系统、调度数据网设备、二次系统安全防护设备业务正常运行	王××
6.4	工作前，确认其他自动化设备承载业务正常运行	王××

工作票签发人签名：李××　2019年05月22日09时00分

工作负责人签名：周××　2019年05月22日10时00分

编号：填写签发单位签发工作票的编号，可由系统自动生成或按照本单位电力监控工作票编码规则填写。

工作场所名称：填写工作所在地点。

工作地点及设备名称：填写工作所在具体地点，应包含楼层、机房名称、机柜名称及设备名称。

工作内容：填写工作具体内容（根据备用调度自动化系统等保测评工作，工作内容应至少包括测评设备名称、等级保护测评工作等）。

安全措施：

授权：对作业人员进行身份鉴别和授权。

备份：写明需要备份的对象：可能受到影响的程序、配置文件、运行参数和日志文件等。

验证：写明工作前需

续表

7．确认工作负责人布置的工作任务和安全措施 工作班成员签名：张××、王××、刘×× 开始工作时间：2019年05月22日10时05分 工作负责人签名：周×× 8．工作票延期 有效期延长到：　　年　月　日　时　分 工作负责人签名：　　年　月　日　时　分 工作票签发人签名：　　年　月　日　时　分 9．工作终结 全部工作于2019年05月22日17时00分结束，工作过程中产生的临时数据、临时账号等内容已删除，封闭的数据已开放，电力监控系统运行正常，现场已清扫、整理，作业人员已全部撤离，并已向工作票签发人李××汇报。 工作负责人签名：周××　　2019年05月22日17时03分 10．备注	验证的全部内容，验证内容较多时候需在检修方案中注明详细验证项。 根据备用调度自动化系统等保测评工作，应至少验证： (1)确认当前工作对象的运行状态； (2)存在冗余系统的，将检修设备切换成非主用状态，确认其余主机、节点、通道或电源正常运行。

14 调度数据网通道调试

电力监控工作票

单位：国网×××公司调控中心　编号：NX-ZW-20190522-014

1. 工作负责人：周××　　班组：自动化班

2. 工作班成员（不包括工作负责人）：张××、王××、刘××共 3 人

3. 工作场所名称：××公司13楼自动化机房

4. 工作任务

工作地点及设备名称	工作内容
13楼自动化机房F2-F3机柜，××地调接入网核心A、B路由器	地调接入网核心A、B路由器配置修改，与甲变电站调度数据网通道测试

5. 计划工作时间：自 2019 年 05 月 22 日 10 时 00 分至 2019 年 05 月 22 日 18 时 00 分

6. 安全措施：（所用账号，应汇报的单位（部门），应备份的配置文件、业务数据、运行参数和日志文件，应验证的内容等，必要时可附页绘图说明）

编号	安全措施	执行人
6.1	授权使用地调接入网核心A、B路由器检修账号	王××
6.2	工作前，备份银川地调接入网核心A、B路由器配置参数和运行数据	王××
6.3	工作前，确认调度自动化系统与其他变电站、新能源厂站调度数据网通道通信正常	王××

工作票签发人签名：李××　2019 年 05 月 22 日 09 时 00 分

工作负责人签名：周××　2019 年 05 月 22 日 10 时 00 分

7. 确认工作负责人布置的工作任务和安全措施

工作班成员签名：张××、王××、刘××

开始工作时间：2019 年 05 月 22 日 10 时 05 分

工作负责人签名：周××

8. 工作票延期

编号：填写签发单位签发工作票的编号，可由系统自动生成或按照本单位电力监控工作票编码规则填写。

工作场所名称：填写工作所在地点。

工作地点及设备名称：填写工作所在具体地点，应包含楼层、机房名称、机柜名称及设备名称。

工作内容：填写工作具体内容（根据调度自动化主站系统甲变电站104通道调试工作，工作内容应至少包括调试设备名称、调试工作等）。

安全措施：

授权：对作业人员进行身份鉴别和授权。

备份：写明需要备份的对象：可能受到影响的程序、配置文件、运行参数和日志文件等。

续表

正文	说明
有效期延长到：　年　月　日　时　分 工作负责人签名：　年　月　日　时　分 工作票签发人签名：　年　月　日　时　分 9．工作终结 全部工作于2019年05月22日17时00分结束，工作过程中产生的临时数据、临时账号等内容已删除，封闭的数据已开放，电力监控系统运行正常，现场已清扫、整理，作业人员已全部撤离，并已向工作票签发人李××汇报。 工作负责人签名：周××　2019年05月22日17时03分 10．备注	验证：写明工作前需验证的全部内容，验证内容较多时候需在检修方案中注明详细验证项。 根据调度数据网通道调试工作，应至少验证： （1）检查作业人员调试计算机及移动存储介质是否专用，调试计算机未接入外网； （2）确认受影响对象的运行状态。

15 UPS 切换试验及蓄电池组充放电

电力监控工作票

单位：国网××X 公司调控中心　编号：NX-ZW-20190522-015

1．工作负责人：周××　　班组：自动化班

2．工作班成员（不包括工作负责人）：张××、王××、刘×× 共 3 人

3．工作场所名称：××公司 1 楼自动化机房

4．工作任务

工作地点及设备名称	工作内容
1 楼自动化机房 UPS 室，1 号、2 号 UPS、蓄电池组Ⅰ、Ⅱ	1 号、2 号 UPS 切换，蓄电池组Ⅰ、Ⅱ充放电测试

5．计划工作时间：自 2019 年 05 月 22 日 10 时 00 分至 2019 年 05 月 22 日 18 时 00 分

6．安全措施：（所用账号，应汇报的单位（部门），应备份的配置文件、业务数据、运行参数和日志文件，应验证的内容等，必要时可附页绘图说明）

编号	安全措施	执行人
6.1	工作前，确认 1、2 号 UPS 及蓄电池组及负载运行正常，运行方式与检修方案一致	王××
6.2	工作前，确认 1 号、2 号 UPS 单台负荷不超过额定输出功率的 35%	王××
6.3	在充放电测试前，应确认冗余系统运行正常	王××
6.4	工作前，确认无其他影响本次检修的异常情况	王××
6.5	工作前，在 1 号、2 号 UPS、蓄电池组Ⅰ、Ⅱ分别悬挂“在此工作”标识牌，在相邻屏位悬挂“运行设备”，逐项进行操作并及加强监护，严禁误操作	王××

工作票签发人签名：李××　2019 年 05 月 22 日 09 时 00 分

工作负责人签名：周××　2019 年 05 月 22 日 10 时 00 分

7．确认工作负责人布置的工作任务和安全措施

编号：填写签发单位签发工作票的编号，可由系统自动生成或按照本单位电力监控工作票编码规则填写。

工作场所名称：填写工作所在地点。

工作地点及设备名称：填写工作所在具体地点，应包含楼层、机房名称、机柜名称及设备名称。

工作内容：填写工作具体内容（根据 UPS 退出运行检修和蓄电池组充放电测试工作，工作内容应至少包括检修设备名称、检修工作等）。

安全措施：在不间断电源上的工作：

验证：写明工作前需验证的全部内容，验证内容较多时候需在检修方案中注明详细验证项。

根据 UPS 切换及蓄电池充放电工作，应

续表

工作班成员签名：张××、王××、刘×× 开始工作时间：2019 年 05 月 22 日 10 时 05 分工作负责人签名：周×× 8．工作票延期 有效期延长到：　　年　月　日　时　分 工作负责人签名：　　年　月　日　时　分 工作票签发人签名：　　年　月　日　时　分 9．工作终结 全部工作于 2019 年 05 月 22 日 17 时 00 分结束，工作过程中产生的临时数据、临时账号等内容已删除，封闭的数据已开放，电力监控系统运行正常，现场已清扫、整理，作业人员已全部撤离，并已向工作票签发人李××汇报。 工作负责人签名：周×× 2019 年 05 月 22 日 17 时 03 分 10．备注	至少验证： （1）不间断电源主机设备断电工作前，应先确认负荷已经转移或关闭； （2）直流开关或熔断器未断开前，不得断开蓄电池之间的连接； （3）蓄电池组接入电源进行充放电测试前，确认蓄电池组正负极性与整流器直流输出正负极性对应，蓄电池组电压与整流器直流输出电压相匹配。 其他： 对于调度自动化主站 UPS 系统检修，还应注意误操作和人身方面的安全技术措施。

附录3 配电自动化主站系统典型工作票

1 硬件安装调试

电力监控工作票

单位：国网××供电公司供电服务指挥中心

编号：NX-ZW-20190322-002

1．工作负责人：张××　　　　班组：配电二次运检班

2．工作班成员（不包括工作负责人）：吴××、柴××、王×× 共3人

3．工作场所名称：××供电公司九楼综合机房

4．工作任务

工作地点及设备名称	工作内容
九楼综合机房E排E1-E10屏	配电自动化主站硬件安装、通道调试

5．计划工作时间：自2020年03月22日10时00分至2020年03月22日18时00分

6．安全措施：（所用账号，应汇报的单位（部门），应备份的配置文件、业务数据、运行参数和日志文件，应验证的内容等，必要时可附页绘图说明）

编号	安全措施	执行人
6.1	工作前，对硬件调试工作人员进行身份鉴别和授权	张××
6.2	工作前，检查确认新增硬件满足电源负载接入能力	张××
6.3	工作前，检查确认硬件版本、型号等关键信息	张××
6.4	工作前，检查确认设备及通道运行状态	张××
6.5	工作前，确认其他配电自动化设备承载业务正常运行	张××

工作票签发人签名：徐××X　2020年03月22日08时30分

工作负责人签名：张××　2020年03月22日08时40分

编号：填写签发单位签发工作票的编号，可由系统自动生成或按照本单位电力监控工作票编码规则填写。

工作场所名称：填写工作所在地点。

工作地点及设备名称：填写工作所在具体地点，应包含楼层、机房名称、机柜名称及设备名称。

工作内容：填写工作具体内容（根据主站硬件安装、通道调试工作，工作内容应至少包括主站硬件屏位、相关设备带电情况信息等）。

安全措施：

授权：对作业人员进行身份鉴别和授权。

备份：写明需要备份的对象：可能受到影响的程序、配置文

续表

7．确认工作负责人布置的工作任务和安全措施 工作班成员签名：吴××、柴××、王×× 开始工作时间：2020年03月22日10时10分 工作负责人签名：张×× 8．工作票延期 有效期延长到：　　年　月　日　时　分 工作负责人签名：　　年　月　日　时　分 工作票签发人签名：　　年　月　日　时　分 9．工作终结 全部工作于2020年03月22日17时00分结束，工作过程中产生的临时数据、临时账号等内容已删除，封闭的数据已开放，电力监控系统运行正常，现场已清扫、整理，作业人员已全部撤离，并已向工作票签发人徐××X汇报。 工作负责人签名：张××　2020年03月22日17时30分 10．备注	件、运行参数和日志文件等。 验证：写明工作前需验证的全部内容，验证内容较多时候需在检修方案中注明详细验证项。 根据主站硬件调试要求，应至少验证： (1)检查确认电源负载能力满足硬件接入要求； (2)检查确认有关设备及通道运行状态。

2 故障处理

电力监控工作票

单位：国网××供电公司供电服务指挥中心

编号：NX-ZW-20190322-001

1. 工作负责人：张×× 班组：配电二次运检班

2. 工作班成员（不包括工作负责人）：吴××、柴××、王×× 共 3 人

3. 工作场所名称：××供电公司九楼综合机房

4. 工作任务

工作地点及设备名称	工作内容
九楼综合机房 E 排 E1 屏至 E6 屏	前置服务器 1/2（fes1/2）、专网前置服务器 1/2（zfes1/2）、公网前置服务器 1/2（gfes1/2）硬件检查、故障处理

5. 计划工作时间：自 2020 年 03 月 22 日 10 时 00 分至 2020 年 03 月 22 日 18 时 00 分

6. 安全措施：（所用账号，应汇报的单位（部门），应备份的配置文件、业务数据、运行参数和日志文件，应验证的内容等，必要时可附页绘图说明）

编号	安全措施	执行人
6.1	授权使用配电自动化系统检修账号	张××
6.2	工作前，备份./data 相关数据文件；./data/log 日志文件、./fes_bin 规约、可执行程序、./conf 配置参数等	张××
6.3	工作前，检查确认检修对象及承载业务（实时数据刷新、终端通信状态等）运行状态	张××
6.4	工作前，确认其他配电自动化设备承载业务正常运行	张××

工作票签发人签名：徐××X 2020 年 03 月 22 日 08 时 30 分

工作负责人签名：张×× 2020 年 03 月 22 日 08 时 40 分

7. 确认工作负责人布置的工作任务和安全措施

工作班成员签名：吴××、柴××、王××

开始工作时间：2020 年 03 月 22 日 10 时 10 分

编号：填写签发单位签发工作票的编号，可由系统自动生成或按照本单位电力监控工作票编码规则填写。

工作场所名称：填写工作所在地点。

工作地点及设备名称：填写工作所在具体地点，应包含楼层、机房名称、机柜名称及设备名称。

工作内容：填写工作具体内容（根据前置服务器故障处理工作，工作内容应至少包括工作涉及的服务器、设备信息等）。

安全措施：

授权：对作业人员进行身份鉴别和授权。

备份：写明需要备份的对象：可能受到影响的程序、配置文件、运行参数和日志文件等。

验证：写明工作前需验证的全部内容，验

续表

工作负责人签名：张×× 8．工作票延期 有效期延长到：　　年　月　日　时　分 工作负责人签名：　　年　月　日　时　分 工作票签发人签名：　　年　月　日　时　分 9．工作终结 全部工作于 2020 年 03 月 22 日 17 时 00 分结束，工作过程中产生的临时数据、临时账号等内容已删除，封闭的数据已开放，电力监控系统运行正常，现场已清扫、整理，作业人员已全部撤离，并已向工作票签发人徐××X 汇报。 工作负责人签名：张×× 2020 年 03 月 22 日 17 时 30 分 10．备注	证内容较多时候需在检修方案中注明详细验证项。 根据前置服务器故障问题处理要求，应至少验证： (1)检查确认前置服务器运行状态。 (2)检查确认主要业务运行是否正常运行。

3 业务系统升级

电力监控工作票

单位：国网××供电公司供电服务指挥中心

编号：NX-ZW-20190322-003

1．工作负责人：张××　　　　班组：配电二次运检班

2．工作班成员（不包括工作负责人）：吴××、柴××、王××共 3 人

3．工作场所名称：××供电公司九楼综合机房

4．工作任务

工作地点及设备名称	工作内容
九楼综合机房 E 排 E1、E2 屏	SCADA1、SCADA2 服务器业务系统软件升级

5．计划工作时间：自 2020 年 03 月 23 日 10 时 00 分至 2020 年 03 月 23 日 18 时 00 分

6．安全措施：（所用账号，应汇报的单位（部门），应备份的配置文件、业务数据、运行参数和日志文件，应验证的内容等，必要时可附页绘图说明）

编号	安全措施	执行人
6.1	在工作前，进行身份鉴别和账号授权	张××
6.2	工作前，测试新版本业务软件与操作系统的兼容性	张××
6.3	在业务系统升级或配置变更前，备份保存./data 相关数据文件./data/graph、./data/gis_data、./data/svg_data 相关图形文件；./data/log、./var/log 日志文件；./conf 配置参数文件；./conf 配置参数；./bin 可执行文件等	张××
6.4	工作前，验证实时数据及各种业务运行正常	张××

工作票签发人签名：徐××X　2020 年 05 月 23 日 08 时 30 分

工作负责人签名：张××　　2020 年 03 月 23 日 08 时 45 分

7．确认工作负责人布置的工作任务和安全措施

工作班成员签名：吴××、柴××、王××

开始工作时间：2020 年 03 月 23 日 10 时 10 分

编号：填写签发单位签发工作票的编号，可由系统自动生成或按照本单位电力监控工作票编码规则填写。

工作场所名称：填写工作所在地点。

工作地点及设备名称：填写工作所在具体地点，应包含楼层、机房名称、机柜名称及设备名称。

工作内容：填写工作具体内容（根据业务系统升级工作，工作内容应至少主站业务系统升级设备信息等）。

安全措施：

授权：对作业人员进行身份鉴别和授权。

备份：写明需要备份的对象：可能受到影响的程序、配置文件、运行参数和日志文件等。

验证：写明工作前需验证的全部内容，验

续表

工作负责人签名：张×× 8．工作票延期 有效期延长到：　年　月　日　时　分 工作负责人签名：　年　月　日　时　分 工作票签发人签名：　年　月　日　时　分 9．工作终结 全部工作于2020年03月23日17时00分结束，工作过程中产生的临时数据、临时账号等内容已删除，封闭的数据已开放，电力监控系统运行正常，现场已清扫、整理，作业人员已全部撤离，并已向工作票签发人徐××汇报。 工作负责人签名：张××　2020年03月23日17时30分 10．备注	证内容较多时候需在检修方案中注明详细验证项。 根据业务系统升级工作完成后，验证配电主站系统运行状况正常。要求，应至少验证： （1）验证主要服务器、各业务运行及实时数据正常； （2）检查确认软件版本信息和系统运行状态。

4 SCADA应用程序更换

电力监控工作票

单位：国网××供电公司供电服务指挥中心

编号：NX-ZW-20190322-004

1．工作负责人：张××　　　　班组：配电二次运检班

2．工作班成员（不包括工作负责人）：吴××、柴××、王×× 共 3 人

3．工作场所名称：××供电公司九楼综合机房

4．工作任务

工作地点及设备名称	工作内容
九楼综合机房E排E1屏、E2屏	SCADA1、SCADA2服务器应用程序更新

5．计划工作时间：自 2020 年 03 月 22 日 10 时 00 分至 2020 年 03 月 22 日 18 时 00 分

6．安全措施：（所用账号，应汇报的单位（部门），应备份的配置文件、业务数据、运行参数和日志文件，应验证的内容等，必要时可附页绘图说明）

编号	安全措施	执行人
6.1	工作前，进行身份鉴别和账号授权	张××
6.2	工作前，备份./data数据文件./data/graph、./data/gis_data、./data/svg_data相关图形文件；./bin执行文件、./data/log、./var/log日志文件；./conf配置参数文件等。测试新版程序与操作系统的兼容性，防止SCADA服务器实时数据卡顿现象发生	张××
6.3	工作前，测试新软件程序与操作系统的兼容性	张××
6.4	工作前，应确认所承载的业务已转移到备用服务器上，且验证各种业务运行正常	张××

工作票签发人签名：徐××　2020 年 03 月 22 日 08 时 30 分

工作负责人签名：张××　2020 年 03 月 22 日 08 时 40 分

7．确认工作负责人布置的工作任务和安全措施

工作班成员签名：吴××、柴××、王××

编号：填写签发单位签发工作票的编号，可由系统自动生成或按照本单位电力监控工作票编码规则填写。

工作场所名称：填写工作所在地点。

工作地点及设备名称：填写工作所在具体地点，应包含楼层、机房名称、机柜名称及设备名称。

工作内容：填写工作具体内容（根据SCADA应用程序更换工作，工作内容应至少包括SCADA服务器名称等）。

安全措施：

授权：对作业人员进行身份鉴别和授权。

备份：写明需要备份的对象：可能受到影响的程序、配置文件、运行参数和日志文件等。

验证：写明工作前需验证的全部内容，验

续表

开始工作时间：2020年03月22日10时10分 工作负责人签名：张×× 8．工作票延期 有效期延长到：　年　月　日　时　分 工作负责人签名：　年　月　日　时　分 工作票签发人签名：　年　月　日　时　分 9．工作终结 全部工作于2020年03月22日17时00分结束，工作过程中产生的临时数据、临时账号等内容已删除，封闭的数据已开放，电力监控系统运行正常，现场已清扫、整理，作业人员已全部撤离，并已向工作票签发人徐××汇报。 工作负责人签名：张××　2020年03月22日17时30分 10．备注	证内容较多时候需在检修方案中注明详细验证项。 根据服务器应用程序更新要求，应至少验证： (1)确认所承载的业务已转移到备用服务器上，且验证各种业务运行正常； (2)检查确认升级程序版本和兼容性； (3)检查确认服务器及承载业务运行状态。

5 传动试验

电力监控工作票

单位：国网××供电公司供电服务指挥中心

编号：NX-ZW-20190322-005

1．工作负责人：张×× 班组：配电二次运检班

2．工作班成员（不包括工作负责人）：吴××、柴××、王×× 共 3 人

3．工作场所名称：××供电公司九楼综合机房

4．工作任务

工作地点及设备名称	工作内容
××公司大楼五楼配电操作间	配电自动化维护工作站1（szswh1）、维护工作站2（szswh2）遥控传动

5．计划工作时间：自 2020 年 03 月 22 日 10 时 00 分至 2020 年 03 月 22 日 18 时 00 分

6．安全措施：（所用账号，应汇报的单位（部门），应备份的配置文件、业务数据、运行参数和日志文件，应验证的内容等，必要时可附页绘图说明）

编号	安全措施	执行人
6.1	工作前，进行身份鉴别和账号授权	张××
6.2	工作前，提前备份历史数据库./data 相关数据文件数据文件、./data/log 日志文件、./conf 配置参数文件	张××
6.3	工作前，确认维护工作站 1（szswh1）、维护工作站 2（szswh2）运行正常，数据库数据修改、存储、表调阅功能正常	张××

工作票签发人签名：徐×× 2020 年 03 月 22 日 08 时 30 分

工作负责人签名：张×× 2020 年 03 月 22 日 08 时 45 分

7．确认工作负责人布置的工作任务和安全措施

工作班成员签名：吴××、柴××、王××

开始工作时间：2020 年 03 月 22 日 10 时 10 分

编号：填写签发单位签发工作票的编号，可由系统自动生成或按照本单位电力监控工作票编码规则填写。如：单位简称+年月日。

工作场所名称：填写工作所在地点。

工作地点及设备名称：填写工作所在具体地点，应包含楼层、机房名称、机柜名称及设备名称。

工作内容：填写工作具体内容（根据传动试验工作，工作内容应至少包括传动设备、操作工作站信息等）。

安全措施：

授权：对作业人员进行身份鉴别和授权。

备份：写明需要备份的对象：可能受到影响的程序、配置文件、运行参数和日志文件等。

验证：写明工作前需

续表

工作负责人签名：张×× 8．工作票延期 有效期延长到：　年　月　日　时　分 工作负责人签名：　年　月　日　时　分 工作票签发人签名：　年　月　日　时　分 9．工作终结 全部工作于 2020 年 03 月 22 日 17 时 00 分结束，工作过程中产生的临时数据、临时账号等内容已删除，封闭的数据已开放，电力监控系统运行正常，现场已清扫、整理，作业人员已全部撤离，并已向工作票签发人徐××汇报。 工作负责人签名：张××　2020 年 03 月 22 日 17 时 30 分 10．备注

验证的全部内容，验证内容较多时候需在检修方案中注明详细验证项。

根据传动试验要求，应至少验证：

（1）检查确认维护工作站1（szswh1）、维护工作站2（szswh2）运行状态；

（2）检查确认数据库数据修改、存储、表调阅等基本功能正常。

6 数据库迁移

电力监控工作票

单位：国网××供电公司供电服务指挥中心

编号：NX-ZW-20190322-006

1．工作负责人：张××　　　班组：配电二次运检班

2．工作班成员（不包括工作负责人）：吴××、柴××、王×× 共 3 人

3．工作场所名称：××供电公司九楼综合机房

4．工作任务

工作地点及设备名称	工作内容
九楼综合机房 C 排 C1、C2，E 排 E1、E2 屏	OPEN3200 与 D5200 主站系统数据同步

5．计划工作时间：自 2020 年 03 月 22 日 10 时 00 分至 2020 年 03 月 22 日 18 时 00 分

6．安全措施：（所用账号，应汇报的单位（部门），应备份的配置文件、业务数据、运行参数和日志文件，应验证的内容等，必要时可附页绘图说明）

编号	安全措施	执行人
6.1	工作前，进行身份鉴别和账号授权	张××
6.2	工作前，备份 OPEN3200、D5200 主站系统./data 相关数据文件、./data/log.、/var/log 日志文件、./conf 配置参数文件、./bin 可执行文件等	张××
6.3	工作前，应确认所承载的业务已转移到备用服务器上，且相关业务运行正常	张××

工作票签发人签名：徐××

2020 年 03 月 22 日 08 时 30 分

工作负责人签名：张××

2020 年 03 月 22 日 08 时 45 分

7.确认工作负责人布置的工作任务和安全措施

工作班成员签名：吴××、柴××、王××

开始工作时间：2020 年 03 月 22 日 10 时 10 分

工作负责人签名：张××

编号：填写签发单位签发工作票的编号，可由系统自动生成或按照本单位电力监控工作票编码规则填写。

工作场所名称：填写工作所在地点。

工作地点及设备名称：填写工作所在具体地点，应包含楼层、机房名称、机柜名称及设备名称。

工作内容：填写工作具体内容（根据数据同步工作，工作内容应至少包括同步系统信息等）。

安全措施：

授权：对作业人员进行身份鉴别和授权。

备份：写明需要备份的对象：可能受到影响的程序、配置文件、运行参数和日志文件等。

验证：写明工作前需验证的全部内容，验证内容较多时候需

续表

8. 工作票延期 有效期延长到：　　　年　月　日　时　分 工作负责人签名：　　年　月　日　时　分 工作票签发人签名：　年　月　日　时　分 9. 工作终结 全部工作于 2020 年 03 月 22 日 17 时 00 分结束，工作过程中产生的临时数据、临时账号等内容已删除，封闭的数据已开放，电力监控系统运行正常，现场已清扫、整理，作业人员已全部撤离，并已向工作票签发人徐××汇报。 工作负责人签名：张×× 2020 年 03 月 22 日 17 时 30 分 10. 备注	在检修方案中注明详细验证项。 根据数据库同步要求，应至少验证：检查确认主、备服务器及承载业务运行状态。

7 表结构变更

电力监控工作票

单位：国网××供电公司供电服务指挥中心

编号：NX-ZW-20190322-007

1. 工作负责人：张×× 班组：配电二次运检班

2. 工作班成员（不包括工作负责人）：吴××、柴××、王×× 共 3 人

3. 工作场所名称：××供电公司九楼综合机房

4. 工作任务

工作地点及设备名称	工作内容
九楼综合机房 E 排 E1 屏	数据库配电网开关表进行结构变更，增加××行、yy 列信息

5. 计划工作时间：自 2020 年 03 月 22 日 10 时 00 分至 2020 年 03 月 22 日 18 时 00 分

6. 安全措施：（所用账号，应汇报的单位（部门），应备份的配置文件、业务数据、运行参数和日志文件，应验证的内容等，必要时可附页绘图说明）

编号	安全措施	执行人
6.1	工作前，进行身份鉴别和授权	张××
6.2	工作前，授权使用配电自动化系统数据库检修专用账号，密码满足强口令要求，运维用户账号专人专用，不得泄露用户密码	张××
6.3	工作前，提前对./data 相关数据文件、/var/log 日志文件、和./conf 配置参数文件、./bin 可执行文件等进行备份	张××
6.4	工作前，验证历史服务器（his1、his2）运行正常，数据库数据存储、表调阅、修改、增删功能正常	张××

工作票签发人签名：徐××

2020 年 03 月 22 日 08 时 30 分

工作负责人签名：张××

编号：填写签发单位签发工作票的编号，可由系统自动生成或按照本单位电力监控工作票编码规则填写。如：单位简称＋年月日。

工作场所名称：填写工作所在地点。

工作地点及设备名称：填写工作所在具体地点，应包含楼层、机房名称、机柜名称及设备名称。

工作内容：填写工作具体内容（根据数据库配网开关表进行结构变更工作，工作内容应至少包括库表名称、信息等）。

安全措施：

授权：对作业人员进行身份鉴别和授权。

备份：写明需要备份的对象：可能受到影响的程序、配置文件、运行参数和日志文件等。

验证：写明工作前需

续表

2020年03月22日08时45分 7．确认工作负责人布置的工作任务和安全措施 工作班成员签名：吴××、柴××、王××、金×× 开始工作时间：2020年03月22日10时10分 工作负责人签名：张×× 8．工作票延期 工作负责人签名：　　年　月　日　时　分 工作票签发人签名：　　年　月　日　时　分 工作票签发人签名：　　年　月　日　时　分 9．工作终结 全部工作于2020年03月22日17时00分结束，工作过程中产生的临时数据、临时账号等内容已删除，封闭的数据已开放，电力监控系统运行正常，现场已清扫、整理，作业人员已全部撤离，并已向工作票签发人徐××汇报。 工作负责人签名：张×× 2020年03月22日17时30分 10．备注

验证的全部内容，验证内容较多时候需在检修方案中注明详细验证项。

根据数据库配网开关表进行结构变更要求，应至少验证：验证历史服务器（his1、his2）运行正常，数据库数据存储、表调阅、修改、增删功能正常。

8 前置配置更改

电力监控工作票

单位：国网××供电公司供电服务指挥中心

编号：NX-ZW-20190322-008

1．工作负责人：张×× 班组：配电二次运检班

2．工作班成员（不包括工作负责人）：吴××、柴××、王×× 共 3 人

3．工作场所名称：××供电公司九楼综合机房

4．工作任务

工作地点及设备名称	工作内容
九楼综合机房 E 排 1 屏、2 屏	szsfes1、szsfes2 服务器配置参数修改

5．计划工作时间：自 2020 年 03 月 22 日 10 时 00 分至 2020 年 03 月 22 日 18 时 00 分

6．安全措施：（所用账号，应汇报的单位（部门），应备份的配置文件、业务数据、运行参数和日志文件，应验证的内容等，必要时可附页绘图说明）

编号	安全措施	执行人
6.1	工作前，进行身份鉴别和授权	张××
6.2	工作前，备份./data 数据文件、/var/log 日志文件、和./conf 配置参数文件、./fes_bin 可执行文件等	张××
6.3	工作前，应确认主服务器所承载的业务已转移到备用服务器上，且验证各种业务运行正常	张××

工作票签发人签名：徐××

2020 年 03 月 22 日 08 时 30 分

工作负责人签名：张××

2020 年 03 月 22 日 08 时 45 分

7．.确认工作负责人布置的工作任务和安全措施

工作班成员签名：吴××、柴××、王××、金××

开始工作时间：2020 年 03 月 22 日 10 时 10 分

工作负责人签名：张××

编号：填写签发单位签发工作票的编号，可由系统自动生成或按照本单位电力监控工作票编码规则填写。如：单位简称＋年月日。

工作场所名称：填写工作所在地点。

工作地点及设备名称：填写工作所在具体地点，应包含楼层、机房名称、机柜名称及设备名称。

工作内容：填写工作具体内容（根据服务器配置参数修改工作，工作内容应至少包括服务器信息、名称等）。

安全措施：

授权：对作业人员进行身份鉴别和授权。

备份：写明需要备份的对象：可能受到影响的程序、配置文件、运行参数和日志文件等。

验证：写明工作前需

续表

8. 工作票延期 有效期延长到： 年 月 日 时 分 工作负责人签名： 年 月 日 时 分 工作票签发人签名： 年 月 日 时 分 9. 工作终结 全部工作于 2020 年 03 月 22 日 17 时 00 分结束，工作过程中产生的临时数据、临时账号等内容已删除，封闭的数据已开放，电力监控系统运行正常，现场已清扫、整理，作业人员已全部撤离，并已向工作票签发人徐××汇报。 工作负责人签名：张×× 2020 年 03 月 22 日 17 时 30 分 10. 备注	

验证的全部内容，验证内容较多时候需在检修方案中注明详细验证项。

根据服务器配置参数修改要求，应至少验证：

（1）检查确认主、备服务器及承载业务运行状态。

（2）确认主服务器所承载的业务已转移到备用服务器上，且验证各种业务运行正常。

9 操作系统升级

电力监控工作票

单位：国网××供电公司供电服务指挥中心

编号：NX-ZW-20190322-009

1．工作负责人张××班组配电二次运检班

2．工作班成员（不包括工作负责人）：吴××、柴××、王××共 3 人

3．工作场所名称：××供电公司九楼综合机房

4．工作任务

工作地点及设备名称	工作内容
九楼综合机房 E 排（E8 屏～E9 屏）	工作站操作系统由现有版本麒麟 2.9 升级为麒麟 3.0

5．计划工作时间：自 2020 年 03 月 22 日 10 时 00 分至 2020 年 03 月 22 日 18 时 00 分

6．安全措施：（所用账号，应汇报的单位（部门），应备份的配置文件、业务数据、运行参数和日志文件，应验证的内容等，必要时可附页绘图说明）

编号	安全措施	执行人
6.1	工作前，对工作人员进行身份鉴别，授权使用配电自动化系统检修账号	张××
6.2	工作前，测试新版本操作系统与系统的兼容性，并备份旧版操作系统	张××
6.3	工作前，对可能受到影响的应用程序、配置文件、运行参数、运行数据和日志文件进行备份，备份保存./data 相关数据文件./data/graph、./data/gis_data、./data/svg_data 图形文件；./data/ log、./var/log 日志文件；./conf 配置参数文件；./fes_bin 规约、配置参数；./bin 可执行文件等	张××
6.4	工作前，确认检修对象和相关业务运行正常	张××

工作票签发人签名：徐××

2020 年 03 月 22 日 08 时 30 分

编号：填写签发单位签发工作票的编号，可由系统自动生成或按照本单位电力监控工作票编码规则填写。如：单位简称+年月日。

工作场所名称：填写工作所在地点。

工作地点及设备名称：填写工作所在具体地点，应包含楼层、机房名称、机柜名称及设备名称。

工作内容：填写工作具体内容（根据配电终端设备定检工作，工作内容应至少包括操作系统升级等）。

安全措施：

授权：对作业人员进行身份鉴别和授权。

备份：写明需要备份的对象：可能受到影响的程序、配置文件、运行参数和日志文件等。

验证：写明工作前需

续表

工作负责人签名：张××

2020年03月22日08时45分

7．确认工作负责人布置的工作任务和安全措施

工作班成员签名：吴××、柴××、王××

开始工作时间：2020年03月22日10时10分

工作负责人签名：张××

8．工作票延期

有效期延长到年月日时分

工作负责人签名：年月日时分

工作票签发人签名：年月日时分

9．工作终结

全部工作于2020年03月22日17时00分结束，工作过程中产生的临时数据、临时账号等内容已删除，封闭的数据已开放，电力监控系统运行正常，现场已清扫、整理，作业人员已全部撤离，并已向工作票签发人徐××汇报。

工作负责人签名：张××

2020年03月22日17时30分

10．备注

验证的全部内容，验证内容较多时候需在检修方案中注明详细验证项。

根据操作系统升级要求，应至少验证：（1）检查确认配调主站及配调监控采集、实时数据显示一致；（2）检查确认配电主站各业务运行正常。

10 网络监测平台调试加固

电力监控工作票

单位：国网××供电公司供电服务指挥中心

编号：NX-ZW-20190322-010

1. 工作负责人张××班组配电二次运检班

2. 工作班成员（不包括工作负责人）：吴××、柴××、王×× 共 3 人

3. 工作场所名称：××供电公司九楼综合机房

4. 工作任务

工作地点及设备名称	工作内容
九楼综合机房 E 排 E1、E2 屏	网络安全监测平台服务器安装调试、加固、补丁升级

5. 计划工作时间：自 2020 年 03 月 22 日 10 时 00 分至 2020 年 03 月 22 日 18 时 00 分

6. 安全措施：（所用账号，应汇报的单位（部门），应备份的配置文件、业务数据、运行参数和日志文件，应验证的内容等，必要时可附页绘图说明）

编号	安全措施	执行人
6.1	工作前，对工作人员进行身份鉴别，授权使用网络安全监测平台服务器检修账号	张××
6.2	工作前，检查拟更新补丁包版本与现运行系统版本可兼容	张××
6.3	工作前，检查确认新接入设备满足电源负载能力，确认相关配电自动化设备运行正常	张××

工作票签发人签名：徐××

2020 年 03 月 22 日 08 时 30 分

工作负责人签名：张××

2020 年 03 月 22 日 08 时 45 分

7. 确认工作负责人布置的工作任务和安全措施

工作班成员签名：吴××、柴××、王××

开始工作时间：2020 年 03 月 22 日 10 时 10 分

工作负责人签名：张××

编号：填写签发单位签发工作票的编号，可由系统自动生成或按照本单位电力监控工作票编码规则填写。如：单位简称＋年月日。

工作场所名称：填写工作所在地点。

工作地点及设备名称：填写工作所在具体地点，应包含楼层、机房名称、机柜名称及设备名称。

工作内容：填写工作具体内容（根据网络安全监测平台安装调试、加固、补丁升级工作，工作内容应至少包括网络安全监测平台服务器硬件安装调试、加固、补丁升级等）。

安全措施：

授权：对作业人员进行身份鉴别和授权。

备份：写明需要备份的对象：可能受到影响的程序、配置文

续表

8．工作票延期 有效期延长到：　　年　月　日　时　分 工作负责人签名：　　年　月　日　时　分 工作票签发人签名：　　年　月　日　时　分 9．工作终结 全部工作于2020年03月22日17时00分结束，工作过程中产生的临时数据、临时账号等内容已删除，封闭的数据已开放，电力监控系统运行正常，现场已清扫、整理，作业人员已全部撤离，并已向工作票签发人徐××汇报。 工作负责人签名：张×× 2020年03月22日17时30分 10．备注	件、运行参数和日志文件等。 验证：写明工作前需验证的全部内容，验证内容较多时候需在检修方案中注明详细验证项。 根据要求网络安全监测平台服务器安装调试，应至少验证： (1)检查确认新接入设备满足电源负载能力； (2)检查确认拟更新补丁包版本与现运行系统版本可兼容。

11 加密模块调试

电力监控工作票

单位：国网××供电公司供电服务指挥中心

编号：NX-ZW-20190322-011

1．工作负责人：张×× 班组：配电二次运检班

2．工作班成员（不包括工作负责人）：吴××、柴××、王×× 共 3 人

3．工作场所名称：××供电公司九楼综合机房

4．工作任务

工作地点及设备名称	工作内容
九楼综合机房 E 排 E1 屏	备份前置配置参数、数据文件、日志文件等
配电操作间 521	接入终端加密模块调试

5．计划工作时间：自 2019 年 03 月 22 日 10 时 00 分至 2019 年 05 月 22 日 18 时 00 分

6．安全措施：（所用账号，应汇报的单位（部门），应备份的配置文件、业务数据、运行参数和日志文件，应验证的内容等，必要时可附页绘图说明）

编号	安全措施	执行人
6.1	工作前，进行身份鉴别和检修账号授权	张××
6.2	工作前，备份前置服务器./data 相关数据文件；./data/log 日志文件；./fes_bin 规约、./conf 配置参数、./bin 可执行程序等。确保加密证书安全可用，没有携带病毒程序	张××
6.3	工作前，验证确认终端加密证书与业务系统的兼容性	张××
6.4	工作前，核对终端装置参数，应确认所承载的业务参数配置正确，且验证各种业务运行正常	张××

工作票签发人签名：徐××

2019 年 03 月 22 日 08 时 30 分

工作负责人签名：张××

编号：填写签发单位签发工作票的编号，可由系统自动生成或按照本单位电力监控工作票编码规则填写。如：单位简称＋年月日。

工作场所名称：填写工作所在地点。

工作地点及设备名称：填写工作所在具体地点，应包含楼层、机房名称、机柜名称及设备名称。

工作内容：填写工作具体内容（根据加密模块调试工作，工作内容应至少包括加密模块证书、导入证书操作服务器名称信息等）。

安全措施：

授权：对作业人员进行身份鉴别和授权。

备份：写明需要备份的对象：可能受到影响的程序、配置文件、运行参数和日志文件等。

续表

2019 年 03 月 22 日 08 时 45 分 7．确认工作负责人布置的工作任务和安全措施 工作班成员签名：吴××、柴××、王×× 开始工作时间：2019 年 03 月 22 日 10 时 10 分 工作负责人签名：张×× 8．工作票延期 有效期延长到：　年　月　日　时　分 工作负责人签名：　年　月　日　时　分 工作票签发人签名：　年　月　日　时　分 9．工作终结 全部工作于 2019 年 05 月 22 日 17 时 00 分结束，工作过程中产生的临时数据、临时账号等内容已删除，封闭的数据已开放，电力监控系统运行正常，现场已清扫、整理，作业人员已全部撤离，并已向工作票签发人徐××汇报。 工作负责人签名：张×× 2019 年 03 月 22 日 17 时 30 分 10．备注

验证：写明工作前需验证的全部内容，验证内容较多时候需在检修方案中注明详细验证项。

根据加密模块调试工作要求，应至少验证：

(1)检查确认终端装置参数，应确认所承载的业务参数配置正确，验证相关设备及业务运行正常；

(2)验证终端加密证书与业务系统的兼容性。

12 数据库升级

电力监控工作票

单位：国网××供电公司供电服务指挥中心

编号：NX-ZW-20190322-012

1. 工作负责人：张×× 班组：配电二次运检班

2. 工作班成员（不包括工作负责人）：吴××、柴××、王×× 共3人

3. 工作场所名称：××供电公司九楼综合机房

4. 工作任务

工作地点及设备名称	工作内容
九楼综合机房E排E1、E2屏	His1、His2服务器达梦数据库版本dm6升级为dm7

5. 计划工作时间：自2020年03月22日10时00分至2020年03月22日18时00分

6. 安全措施：（所用账号，应汇报的单位（部门），应备份的配置文件、业务数据、运行参数和日志文件，应验证的内容等，必要时可附页绘图说明）

编号	安全措施	执行人
6.1	工作前，进行身份鉴别和检修账号授权	张××
6.2	工作前，测试新版本数据库与操作系统的兼容性，并做好备份旧版数据库	张××
6.3	工作前，备份./data相关数据文件；./data/log日志文件；./fes_bin规约、./conf配置参数等	张××
6.4	工作前，应确认所承载的业务已转移到备用服务器上，且验证各种实时业务运行正常	张××

工作票签发人签名：徐××

2020年03月22日08时30分

工作负责人签名：张××

2020年03月22日08时45分

7. 确认工作负责人布置的工作任务和安全措施

工作班成员签名：吴××、柴××、王××

编号：填写签发单位签发工作票的编号，可由系统自动生成或按照本单位电力监控工作票编码规则填写。如：单位简称＋年月日。

工作场所名称：填写工作所在地点。

工作地点及设备名称：填写工作所在具体地点，应包含楼层、机房名称、机柜名称及设备名称。

工作内容：填写工作具体内容（根据数据库升级工作，工作内容应至少包括数据库升级前后版本信息等）。

安全措施：

授权：对作业人员进行身份鉴别和授权。

备份：写明需要备份的对象：可能受到影响的程序、配置文件、运行参数和日志文件等。

验证：写明工作前需

续表

开始工作时间：2020年03月22日10时10分 工作负责人签名：张×× 8．工作票延期 有效期延长到：　年　月　日　时　分 工作负责人签名：　年　月　日　时　分 工作票签发人签名：　年　月　日　时　分 9．工作终结 全部工作于2020年03月22日17时00分结束，工作过程中产生的临时数据、临时账号等内容已删除，封闭的数据已开放，电力监控系统运行正常，现场已清扫、整理，作业人员已全部撤离，并已向工作票签发人徐××汇报。 工作负责人签名：张×× 2020年03月22日17时30分 10．备注	验证的全部内容，验证内容较多时候需在检修方案中注明详细验证项。 根据数据库升级要求，应至少验证： (1) 检查确认数据库升级版本与系统兼容性； (2) 检查确认所承载的业务已转移到备用服务器上，且验证各种实时业务运行正常； (3) 验证服务器相关的业务系统运行正常。

13 主站系统等保测评

电力监控工作票

单位：国网××供电公司供电服务指挥中心

编号：NX-ZW-20190322-015

1．工作负责人周××班组配电二次运检班

2．工作班成员（不包括工作负责人）：吴××、柴××、王××共 3 人

3．工作场所名称：××供电公司九楼综合机房

4．工作任务

工作地点及设备名称	工作内容
九楼综合机房 E 排 1-10 屏，配电自动化主站系统服务器、工作站、网络安全监测设备、二次系统安全防护设备	配电自动化主站系统服务器、数据库、工作站、网络安全、监测设备、二次系统安全防护设备等级保护测评

5．计划工作时间：自 2019 年 03 月 22 日 10 时 00 分至 2019 年 03 月 28 日 18 时 00 分

6．安全措施：（所用账号，应汇报的单位（部门），应备份的配置文件、业务数据、运行参数和日志文件，应验证的内容等，必要时可附页绘图说明）

编号	安全措施	执行人
6.1	工作前，授权使用配电自动化系统服务器、工作站运维账号，二次系统安全防护设备运维账号	吴××
6.2	工作前，备份配电自动化系统服务器、数据库、工作站、数据网设备、二次系统安全防护设备./data 相关数据文件；./data/log 日志文件；./data/graph 文件、./conf 配置参数等	吴××
6.3	工作前，确认配电自动化主站系统、二次系统安全防护设备业务正常运行；将检修设备切换成非主用状态，确认其余设备承载业务正常运行	吴××

工作票签发人签名：李××

编号：填写签发单位签发工作票的编号，可由系统自动生成或按照本单位电力监控工作票编码规则填写。

工作场所名称：填写工作所在地点。

工作地点及设备名称：填写工作所在具体地点，应包含楼层、机房名称、机柜名称及设备名称。

工作内容：填写工作具体内容（根据配电自动化主站系统等保测评工作，工作内容应至少包括测评设备名称、等级保护测评工作等）。

安全措施：

授权：对作业人员进行身份鉴别和授权。

备份：写明需要备份的对象：可能受到影响的程序、配置文件、运行参数和日志文件等。

验证：写明工作前需

续表

2019年03月22日09时00分 工作负责人签名：周×× 2019年03月22日10时00分 7．确认工作负责人布置的工作任务和安全措施 工作班成员签名：吴××、柴××、王×× 开始工作时间：2019年03月22日10时05分 工作负责人签名：周×× 8．工作票延期 有效期延长到：　年　月　日　时　分 工作负责人签名：　年　月　日　时　分 工作票签发人签名：　年　月　日　时　分 9．工作终结 全部工作于2019年03月28日17时00分结束，工作过程中产生的临时数据、临时账号等内容已删除，封闭的数据已开放，电力监控系统运行正常，现场已清扫、整理，作业人员已全部撤离，并已向工作票签发人李××汇报。 工作负责人签名：周×× 2019年03月28日17时30分 10．备注

验证的全部内容，验证内容较多时候需在检修方案中注明详细验证项。

根据配电自动化系统等保测评工作，应至少验证：

（1）确认当前工作对象的运行状态；

（2）存在冗余系统的，将检修设备切换成非主用状态，确认其余主机、节点、通道或电源、业务正常运行。

14 设备退运

电力监控工作票

单位：国网××供电公司供电服务指挥中心

编号：NX-ZW-20190322-014

1. 工作负责人张××班组配电二次运检班

2. 工作班成员（不包括工作负责人）：吴××、柴××、王××共3人

3. 工作场所名称：××供电公司九楼综合机房

4. 工作任务

工作地点及设备名称	工作内容
九楼综合机房C排1-9屏	OPEN3200 配电自动化主站系统设备退运

5. 计划工作时间：自2020年03月22日10时00分至2020年03月22日18时00分

6. 安全措施：（所用账号，应汇报的单位（部门），应备份的配置文件、业务数据、运行参数和日志文件，应验证的内容等，必要时可附页绘图说明）

编号	安全措施	执行人
6.1	工作前，授权使用 OPEN3200 配电自动化主站系统检修账号	张××
6.2	工作前，确认 OPEN3200 系统承载业务可停运或无在用业务	张××
6.3	工作前，备份 OPEN3200 系统./data 数据文件； ./data/log 日志文件；./conf 配置参数等	张××

工作票签发人签名：徐××

2020年03月22日08时30分

工作负责人签名：张××

2020年03月22日08时45分

7. 确认工作负责人布置的工作任务和安全措施

工作班成员签名：吴××、柴××、王××

开始工作时间：2020年03月22日10时10分

工作负责人签名：张××

编号：填写签发单位签发工作票的编号，可由系统自动生成或按照本单位电力监控工作票编码规则填写。如：单位简称+年月日。

工作场所名称：填写工作所在地点。

工作地点及设备名称：填写工作所在具体地点，应包含楼层、机房名称、机柜名称及设备名称。

工作内容：填写工作具体内容（根据配电自动化主站系统设备退运工作，工作内容应至少包括二退运设备屏位、操作用户信息等）。

安全措施：

授权：对作业人员进行身份鉴别和授权。

备份：写明需要备份的对象：可能受到影响的程序、配置文件、运行参数和日志文件等。

续表

8．工作票延期 有效期延长到：　　　年　月　日　时　分 工作负责人签名：　　年　月　日　时　分 工作票签发人签名：　年　月　日　时　分 9．工作终结 全部工作于 2020 年 03 月 22 日 17 时 00 分结束，工作过程中产生的临时数据、临时账号等内容已删除，封闭的数据已开放，电力监控系统运行正常，现场已清扫、整理，作业人员已全部撤离，并已向工作票签发人徐××汇报。 工作负责人签名：张×× 2020 年 03 月 22 日 17 时 30 分 10．备注	验证：写明工作前需验证的全部内容，验证内容较多时候需在检修方案中注明详细验证项。 根据配电自动化主站系统设备退运要求，应至少验证： (1) 确认设备承载业务可停运或无在用业务； (2) 核对待停运设备电源接入空开端口。

15 UPS 电源负载接入

电力监控工作票

单位：国网××供电公司供电服务指挥中心

编号：NX-ZW-20190322-013

1. 工作负责人：张××　　　　班组：配电二次运检班

2. 工作班成员（不包括工作负责人）：吴××、柴××、王××共 3 人

3. 工作场所名称：××供电公司九楼综合机房

4. 工作任务

工作地点及设备名称	工作内容
九楼综合机房 G 排 7 屏，E1-E10 屏	E1-E10 屏 PDU 电源接入

5. 计划工作时间：自 2020 年 03 月 22 日 10 时 00 分至 2020 年 03 月 22 日 18 时 00 分

6. 安全措施：（所用账号，应汇报的单位（部门），应备份的配置文件、业务数据、运行参数和日志文件，应验证的内容等，必要时可附页绘图说明）

编号	安全措施	执行人
6.1	在接入新增负载前，核对 UPS 电源柜负载能力是否满足要求。并断开电源输出开关	张××
6.2	屏内 PDU 的输入电缆与电源屏输出要核对清楚，并用标示牌标示清楚	张××
6.3	在接入电源时，使用绝缘工器具，做好绝缘处理，严防触电事故发生	张××

工作票签发人签名：徐××

2020 年 03 月 22 日 08 时 30 分

工作负责人签名：张××

2020 年 03 月 22 日 08 时 45 分

7. 确认工作负责人布置的工作任务和安全措施

工作班成员签名：吴××、柴××、王××

开始工作时间：2020 年 03 月 22 日 10 时 10 分

工作负责人签名：张××

编号：填写签发单位签发工作票的编号，可由系统自动生成或按照本单位电力监控工作票编码规则填写。如：单位简称＋年月日。

工作场所名称：填写工作所在地点。

工作地点及设备名称：填写工作所在具体地点，应包含楼层、机房名称、机柜名称及设备名称。

工作内容：填写工作具体内容（根据 UPS 电源接入工作，工作内容应至少包括电源接入设备信息等）。

安全措施：

验证：写明工作前需验证的全部内容，验证内容较多时候需在检修方案中注明详细验证项。

根据 UPS 电源接入要求，应至少验证：

（1）核对 UPS 电源

续表

8．工作票延期 有效期延长到：　　　年　月　日　时　分 工作负责人签名：　　　年　月　日　时　分 工作票签发人签名：　　　年　月　日　时　分 9．工作终结 全部工作于 2020 年 03 月 22 日 17 时 00 分结束，工作过程中产生的临时数据、临时账号等内容已删除，封闭的数据已开放，电力监控系统运行正常，现场已清扫、整理，作业人员已全部撤离，并已向工作票签发人徐××汇报。 工作负责人签名：张×× 2020 年 03 月 22 日 17 时 30 分 10．备注

柜负载能力是否满足要求。
(2) 确认屏内 PDU 的输入电缆与电源屏输出要标示一致；
(3) 检查 UPS 电源系统运行正常。

其他：
应使用绝缘工器具，以确保人身安全。

附录 4　电力监控网络安全风险及应急处置表单

附表 4-1　　电力监控系统网络安全风险预警发布单模板

<table>
<tr><td colspan="4">电力监控系统网络安全风险预警发布单 预警通知〔××××〕 第×号</td></tr>
<tr><td>发布部门</td><td colspan="3"></td></tr>
<tr><td>发布时间</td><td></td><td>签发人</td><td></td></tr>
<tr><td>预警级别</td><td colspan="3">□红色　□橙色　□黄色　□蓝色</td></tr>
<tr><td>主送单位</td><td colspan="3"></td></tr>
<tr><td>预警内容</td><td colspan="3"></td></tr>
<tr><td>预防措施</td><td colspan="3"></td></tr>
</table>

附表 4-2　　电力监控系统网络安全预警发布和响应流程

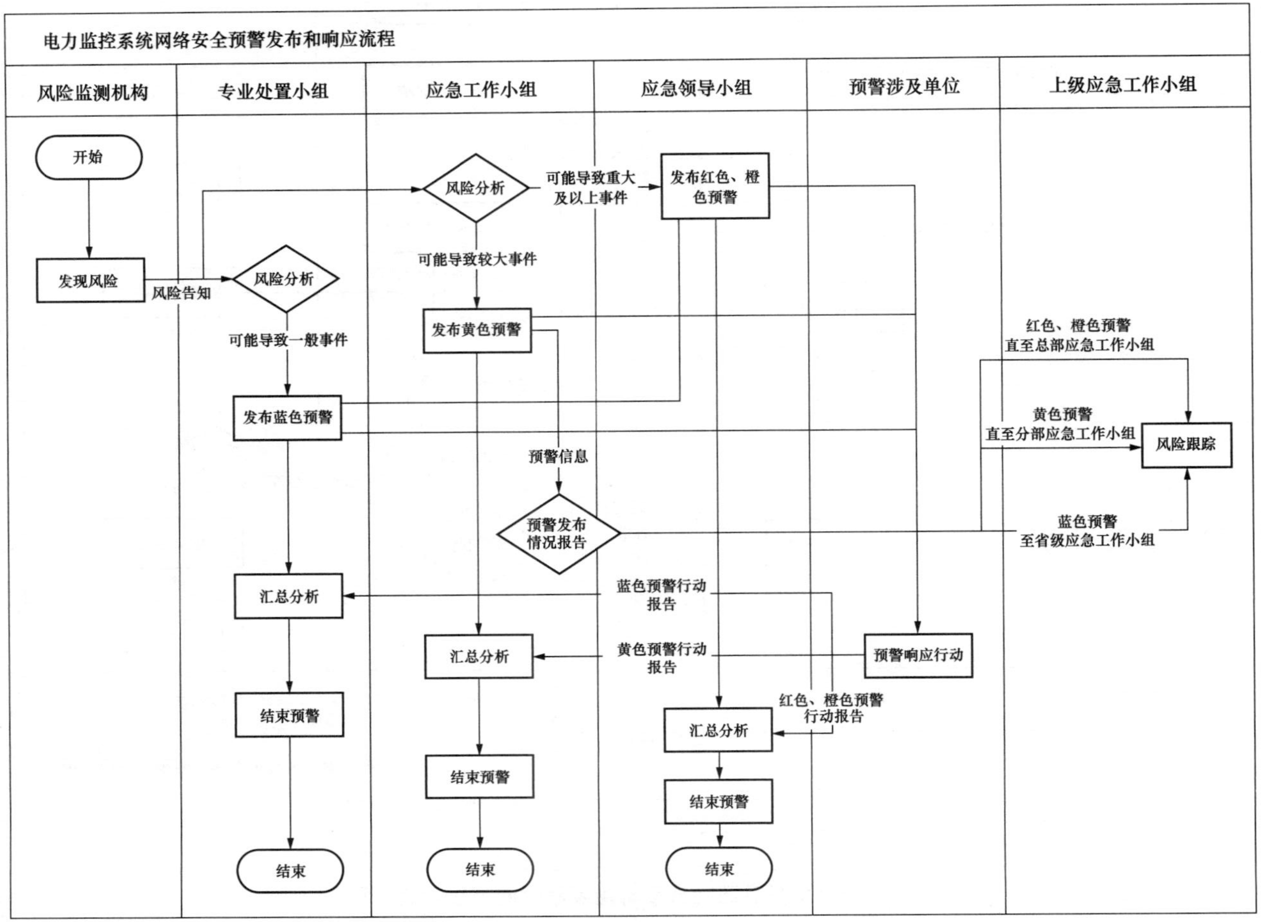

附表 4-3 电力监控系统网络安全事件应急响应及报告流程

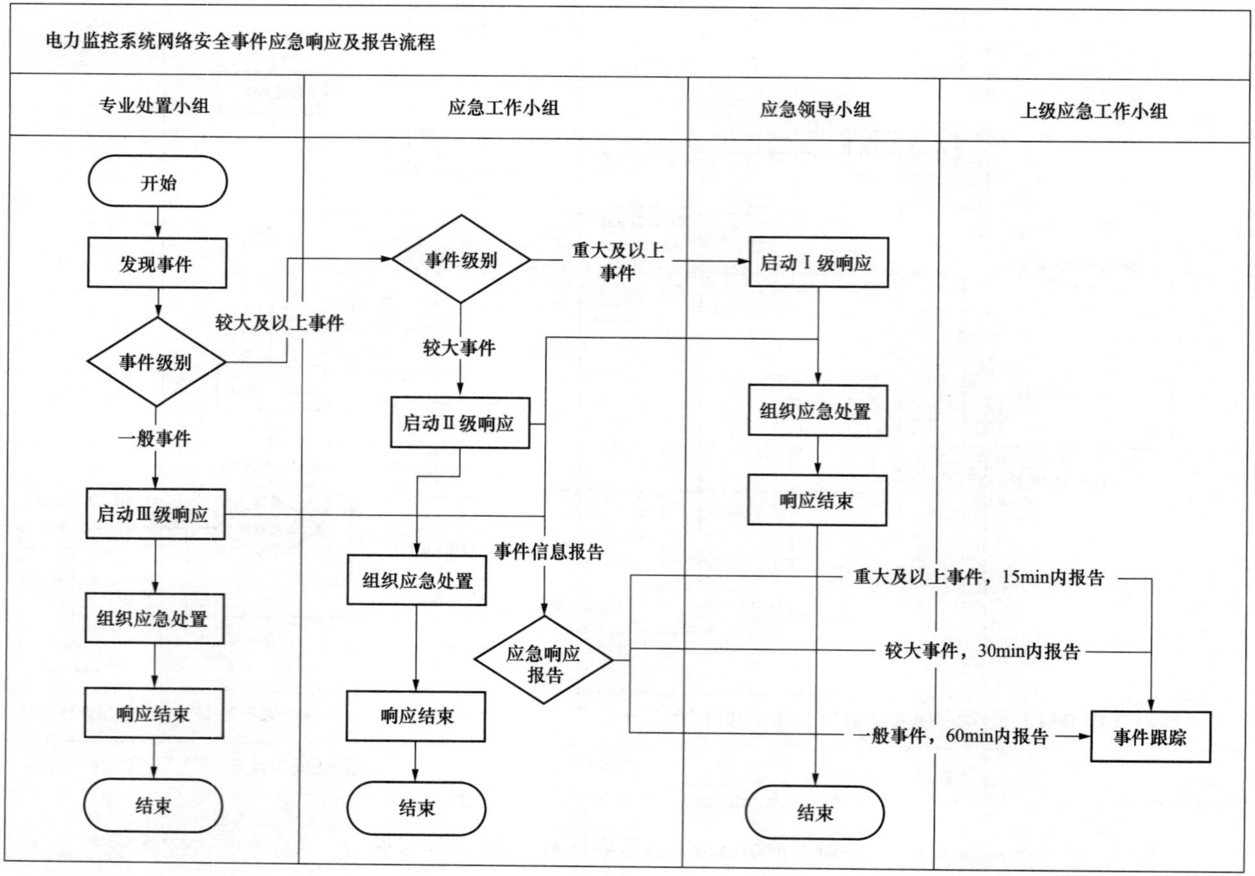

附表 4-4　　电力监控系统网络安全事件报告模板

电力监控系统网络安全事件报告			
事件名称		事件等级	
发生时间		结束时间	
受影响范围			
事件描述			
原因分析			
处理情况			
后续防范措施			

单位（盖章）：
日期：

参考文献

[1] 国家电网公司. 国家电网公司电力安全工作规程（电力监控部分）（试行）[M]. 北京：中国电力出版社，2018.

[2] 国家电网公司. 国家电网公司电力安全工作规程典型工作票（电力监控部分）[M]. 北京：中国电力出版社，2019.

[3] 毛南平，李丰伟，陈东海，等. 地区电网自动化系统典型案例分析与处理 [M]. 北京：中国电力出版社，2016.

[4] 国家电力调度控制中心. 国家电网调控机构安全生产保障能力评估标准 [M]. 北京：中国电力出版社，2020.

[5] 国家电力调度控制中心. 电网调控机构反违章指南 [M]. 北京：中国电力出版社，2020.